建筑工程检测技术必备知识

一位工程检测人员的思考与感悟

丁百湛　编著

中国建材工业出版社

图书在版编目（CIP）数据

建筑工程检测技术必备知识：一位工程检测人员的思考与感悟/丁百湛编著. --北京：中国建材工业出版社，2020.10

ISBN 978-7-5160-3008-0

Ⅰ.①建… Ⅱ.①丁… Ⅲ.①建筑工程－工程质量－质量检验 Ⅳ.①TU712

中国版本图书馆 CIP 数据核字(2020)第 135616 号

内　容　简　介

本书主要基于平时工作积累，对工程质量检验检测所涉及的环节，从合同评审、检验委托到最终出具检验检测报告全过程需要关注的地方进行了论述。本书分为 3 章：第 1 章叙述检验检测人员应具备的管理常识，如检验检测依据的准则、应关注的信息网、申请资质的注意事项、不符合项整改报告关注点、内审和管理评审关注点，以及标准选择及计量认证论文选编；第 2 章叙述检验检测人员应具备的检测技能，如应了解的法定计量单位、有效数字与四则运算规则、数值修约与极限值的比较、委托接样、样品制备和状态调节时的注意点，以及检测异常情况的处理；第 3 章叙述质量控制应关注的问题，如能力验证和实验室间比对结果分析与评价、设备校准结果确认和检测方法验证时的注意事项，以及检测工作遇到问题的思考。

本书可供检验检测从业人员特别是建工建材领域检验检测人员阅读，也可供高校教师教学参考使用。

建筑工程检测技术必备知识：一位工程检测人员的思考与感悟

Jianzhu Gongcheng Jiance Jishu Bibei Zhishi：Yiwei Gongcheng Jiance Renyuan de Sikao yu Ganwu

丁百湛　编著

出版发行：中国建材工业出版社
地　　址：北京市海淀区三里河路 1 号
邮　　编：100044
经　　销：全国各地新华书店
印　　刷：北京雁林吉兆印刷有限公司
开　　本：710mm×1000mm　1/16
印　　张：10
字　　数：200 千字
版　　次：2020 年 10 月第 1 版
印　　次：2020 年 10 月第 1 次
定　　价：58.00 元

本社网址：www.jccbs.com，微信公众号：zgjcgycbs

本书如有印装质量问题，由我社市场营销部负责调换，联系电话：（010）88386906

作 者 简 介

丁百湛，男，1966 年生。1988 年 6 月毕业于武汉工业大学无机非金属材料专业。自 1988 年参加工作以来，一直从事工程质量检测工作，历任检测员、技术与质量负责人等职，2010 年入选江苏省工程质量检测专家库。

前　　言

日月如梭，瞬间从业32年。32年前，我从一青春黑发少年到如今两鬓斑白，一直重复着做一件事——工程检测。人们的通信工具从拨号电话向按键电话、无线手机演变，检测用试验机也从刻度盘向微机自动采集跟进。时间对于一个人是很短暂的。经验、教训、得失仍历历在目。通过此书，我想将自己平常的感悟、经验与大家分享，不求有多大帮助，如果能有一点启发、一点触动也就感到欣慰了。

我们这一行就像医生一样，需要不断地学习。检测的标准不断更新，过去标准主要分为四类（国家标准、行业标准、地方标准和企业标准），2018年1月1日开始实施新的标准化法，突出了团体标准的重要性。标准的变化，折射出社会的进步。标准方法的变更，需要我们去验证、确认。从人、机、料、法、环、测等多方面考虑能否掌握此方法，才能依此来开展检测工作。互联网技术的发展，推动了各行各业的发展，检测也离不开此技术的进步。我们的设备不断更新，从机械控制向智能检测技术发展。检测的结果不确定度进一步变小，检测结果更准确，检测速度更快，对环境条件的要求更高，要求检测人员的素质更高。曾经大专生能做的检测，未来可能需要研究生来做。技术在不断进步，唯一不变的是检测人员的责任心、对工作的热情不能减少。只有热爱，才能做好！我们需要终生学习，不断进步！

编　者

2020年6月

目 录

第1章

检验检测人员应具备的管理常识

1.1　检验检测机构依据的准则

作为一名检验检测机构的检测员，需要关注哪些管理知识呢？过去人们常说："不仅要埋头拉车，还要抬头看路。"检验检测机构除了要遵循国家的法律法规外，还要执行主管部门的规章，同时检验检测机构据此还要制定相应的内部管理体系文件。国家层面的法律主要有《中华人民共和国产品质量法》《中华人民共和国建筑法》《中华人民共和国特种设备安全法》《中华人民共和国计量法》《中华人民共和国标准化法》等；行政法规有《中华人民共和国认证认可条例》《中华人民共和国标准化法实施条例》《建筑工程质量管理条例》；部门规章有《中华人民共和国计量法实施细则》《检验检测机构资质认定管理办法》等；行业规范性的文件有《实验室资质认定评审准则》（现已改为《检验检测机构资质认定能力评价 检验检测机构通用要求》（RB/T 214—2017）；地方性法规如《江苏省特种设备安全监察条例》。分清了法律法规、部门规章、行业规范文件等，才能保证执行法律法规方向明确。通常检测员经常接触的是《检验检测机构资质认定管理办法》《检测和校准实验室能力认可准则》（CNAS—CL01：2018），检测用标准规范和内部体系质量文件，如《质量手册》《程序文件》《作业指导书》和质量记录、技术记录等文件形式。厘清它们的隶属关系对于更好地开展检测工作将会大有裨益。法律为全国人大及其常委会制定；法规分为行政法规和地方性法规，行政法规由国务院制定，地方性法规由省、自治区和直辖市或经国务院批准的较大的市的人大及其常委会制定；部门规章是由国务院各部门制定；规范性文件是各级机关、团体、组织制发的各类文件中最主要的一类，其内容具有约束和规范人们行为的性质。

检验检测机构依据的准则主要是《检验检测机构资质认定能力评价 检验检测机构通用要求》（RB/T 214—2017）。通过实验室认可的需执行《检测和校准实验室能力认可准则》（CNAS—CL01：2018）及其相关应用说明，通过检验机构认可的还需执行《检验机构能力认可准则》（CNAS—CI01：2012）及其相关应用说明。

1.2 应关注的信息网和公众号

(1) 所在地省、市政府主管部门网站：如江苏省市场监督管理局(http://scjgj.jiangsu.gov.cn/)、江苏省住房和城乡建设厅(http://jsszfhcxjst.jiangsu.gov.cn/)、江苏省建设工程质量监督网(www.jszljd.com)。

(2) 中国合格评定国家认可委员会 https://www.cnas.org.cn/。

(3) 中国国家认证认可监督管理委员会 http://www.cnca.gov.cn/。

(4) 国家标准化管理委员会 http://www.sac.gov.cn/。

(5) 国家工程建设标准化信息网 http://www.ccsn.org.cn/。

(6) 中国工程建设标准化网 http://www.cecs.org.cn/。

(7) 各省市标准信息服务平台，如江苏省标准信息服务平台(江苏省质量和标准化研究院 http://www.jssi.org.cn/)、上海市质量和标准化研究院 | 上海标准化服务信息网(http://www.cnsis.info/)、上海市建设工程检测网(http://www.shcetia.com/web/)。

(8) 其他科研院所网站：中国建材标准网(http://www.standardcnjc.com/)、中国建材检验认证集团股份有限公司(http://www.ctc.ac.cn/)、中国建筑科学研究院(www.cabr.com.cn/)等。

通过这些网站可以最快了解行政主管部门的决策、方针，进行行业动态信息和标准规范的查询。随着网络的普及，手机微信更方便，我们应关注这些部门开通的公众号，这样可以更方便地获取最新的咨讯。

1.3 申请资质的注意事项

通常，作为一个第三方的检测机构，在我国必须获得行政许可，即需要申请计量认证，根据《检验检测机构资质认定管理办法》，资质认定部门应当对申报人提交的书面申请和相关材料进行初审，自收到之日起5个工作日内作出受理或者不受理的决定，并书面告知申报人；若需要延续资质认定证书有效期的，应当在有效期届满3个月前提出申请。申请资质时，应当注意：一是不要贪大求全，要选择一些有一定市场前景，适合自己单位的项目；二是要注重检测方法的申请；三是要关注资质的有效期，不能过期申请，最好提前半年准备申请项目，做好实验室间比对或参加测量审核，这样评审时不会太吃力，以便顺利通过。目前，在江苏省申请计量认证，需要先在系统中申报，审批之后形成申请书，申请机构自行打印，待现场评审时提交给现场评审组。

1.4　不符合整改报告关注点

不论是资质认定初次评审、监督评审或复评审，在每次现场评审之后，一般评审组均会开一些不符合项，要求检验检测机构在规定期限内整改。首先，应召开机构内部相关部门的整改会议，制订整改计划，落实责任人，分析不符合项产生的原因，选择纠正措施，做到举一反三，防止类似问题的再次发生；其次，责任人在规定期限内完成整改，提供相关证明材料，监督人跟踪验证；最后，汇总形成整改报告上报评审组组长，最好是先将电子版整改资料发给组长，审查通过后形成正式的书面文件提交，避免打印后再打回重改。

1.5　内审和管理评审的关注点

内审和管理评审是检验检测机构管理体系正常运行所必须做好的重要内容。为此，CNAS 专门编制了指南即《实验室和检验机构内部审核指南》（CNAS—GL012：2018）和《实验室和检验机构管理评审指南》（CNAS—GL011：2018）。通常，年初或上一年度 11 月份应制订机构的内部审核计划，确定审核的时间、审核组成员，编制审核检查表。做到部门不遗漏，要求全覆盖。开出的不符合项分布在不同部门、不同要素中，不同部门相同的问题可以开在同一个不符合项中，但要分别整改。后续的纠正措施要跟踪到位，并且发现的问题一定要闭合，内部审核要形成报告输入管理评审。管理评审也要制订计划，特别要注重评审输入的全面性，做到信息充分，比如来自客户的信息反馈、内审报告、能力验证结果、前次评审中发现的问题、今年以来外审情况、质量方针和质量目标等。

同时，注重管理评审的输出，输出应体现有效性及其过程有效性的改进。主要有质量方针，中期和长期目标的修订；改进措施计划，包括制定下一年度的目标。管理者应当负责确保评审所产生的措施按照要求在适当的日程内得以实施，也要及时跟踪落实。

1.6　技术质量工作计划的编制要点

技术质量工作计划主要包括以下 13 个方面：

（1）内部审核计划；

（2）管理评审计划；

(3) 人员培训计划；

(4) 质量监督计划；

(5) 方法验证计划；

(6) 设备检定、校准总体计划；

(7) 设备和标准物质期间检查计划；

(8) 设备维护保养计划；

(9) 检测软件和信息管理控制计划；

(10) 检测结果质量监控计划；

(11) 能力维持计划；

(12) 新项目评审计划；

(13) 资质管理计划。

以上计划中，内部审核计划、管理评审计划、人员培训计划和设备检定、校准总体计划比较常见。例如，新项目评审计划包括项目市场前景分析，同时从人、机、料、法、环、测等六大要素考虑新项目是否确实满足要求，同时还要做能力验证或实验室间比对来保证检测结果的准确性；再比如资质管理计划，要把单位内的计量认证、实验室认可、行业资质的有效期等情况列成表格，需要提前准备的，列出时间点，从而保证资质的持续、有效，表格样式见表1.1。

表1.1 ×××检测公司质量记录

资质管理计划　　控制编号：

序号	资质内容	证书标号	发证日期	有效日期	申报日期	备注
1	资质认定	×××	×年×月×日	×年×月×日	×年×月×日前	
2	实验室认可	×××	×年×月×日	×年×月×日	×年×月×日前	
3	检验机构认可	×××	×年×月×日	×年×月×日	×年×月×日前	
4	住建厅资质	×××	×年×月×日	×年×月×日	×年×月×日前	
5	交通厅资质	×××	×年×月×日	×年×月×日	×年×月×日前	
6	省气象局资质	×××	×年×月×日	×年×月×日	×年×月×日前	

审批：　　编制：　　计划日期：　年　月　日

千里之行，始于足下。

——老子

1.7 有关标准选择及计量认证论文选编

1.7.1 质检人员如何正确选择检测标准

1.7.1.1 明确一般的标准体系

在人类文明发展的历程中，无论是语言、文字、天文、历法、气象、耕作、饲养、建筑等，都是人类生活和生产中反复出现的事物。为了不断地发展人类文明，必须把认识、处理和运用这些重复出现和应用的事物及其共性特征，总结规定或约定俗成为统一准则，这些准则就是"标准"。为了保证一切生活和生产物质的适用性和配套性，人类交往和贸易的国际性，生活和生产的高效率、高质量、安全性、舒适性和丰富多彩等，要以"标准"为纽带，把所有生活、生产活动内容和人类创造的文明成果融为一体。可见，标准是人类在生活和生产实践中对重复事物和事物中的共性特征加以认识和总结的必然结果。标准体系是由一定系统范围内的具有内在联系的标准组成的科学有机整体。标准体系又可分解成若干分体系，每个分体系也是由具有内在联系的标准组成，也形成了一个科学的有机整体。全国标准体系可由"全国通用综合性基础标准体系""各行业、专业、地区和企业标准体系"等分体系组成，而每个分体系的组成要素仍是标准[1]。按照我国编制的标准体系表的表现形式，用得最多的是两种包含四个变数的表格，即领域—层次— 种类—级别和领域—序列—种类— 级别。标准体系表，为我们区分标准的主次、轻重缓急以及加强标准的成龙配套和协调方面，起到了良好的作用，比如在全国标准体系表中，工程建设有关原材料工业标准体系、建材标准体系的分类号分别为 P70/79 、Q00/99。

在我们的工程建设、建材检测工作中，通常把标准按级别划分为国家标准、行业标准、地方标准和团体标准、企业标准，其中国家标准级别最高，其他依次递减。而按照性质划分，标准又分为强制性标准和推荐性标准。强制性标准是必须无条件执行的标准，没有可选择性；推荐性标准却不是一定要执行的，但如果执行了推荐性标准，就必须严格按此标准执行，不得随意增减指标。

通常级别越高的标准，其技术要求越低，比如国家标准的要求往往低于行业标准，这是因为国家标准应充分考虑我国的国情，比如自然资源、环境资源及民族特点等，以期有广泛的适应性，且充分利用我国的自然资源。例如，GB/T 14684—2011《建设用砂》这一国家标准中规定砂的泥含量低于 5.0%时即为Ⅲ类砂，若我们检测某一砂样品的泥含量为 4.5%时，按国家标准判定，此样品这一指标达到合格品的要求，而按行业标准 JGJ 52 —2006《普通混凝土用砂、石质量及检验方法标准》规定，则此样品只能配制 C25 以下的混凝土，若配制 C30 及以上的混凝土，则此样品不能满足要求。由此可见，选择不同标准检测，即使检测数据一样，也可能得出不同的结论。若某产品同时有几个标准可以选择，到底应按照哪个标准执行呢？

1.7.1.2 合理选择标准的原则和方法

1. 检测机构应广泛搜集不同级别的相关标准

如国家标准、行业标准、地方标准及企业标准，检测人员要认真学习各标准，特别是其适用范围、试验方法要仔细阅读，找出其中的区别与联系，做到心中有数。与此同时，还要注意标准的时效性，不能使用已淘汰或废止的标准。根据《江苏省标准监督管理办法》中的规定，地方标准在相应的国家标准或者行业标准实施后，自行废止[2]。

2. 下面分六种情况分别叙述选择标准的方法

（1）只有国家标准、行业标准或地方标准的，应严格按此标准执行。比如钢筋混凝土用热轧光圆钢筋只有 GB/T 1499.1—2017《钢筋混凝土用钢 第1部分：热轧光圆钢筋》一个标准，混凝土平瓦只有 JC/T 746—2007《混凝土瓦》这一个标准，检测时，应按该标准执行。

（2）既有推荐性标准，又有行业标准的，应根据产品的具体使用情况分别选择，比如检测砂、石，若砂、石是用来配制 C30 以上的混凝土，则应该按行业标准 JGJ 52—2006 进行检测，这样便于判定能否满足使用要求。若配制 C30 以下混凝土或配制垫层用混凝土，则既可按 GB/T 14684～14685—2011 检测，亦可按 JGJ 52—2006 检测。

（3）既有国家标准，又有地方标准的，应比较两个标准的区别，根据具体情况分别采用。比如建筑用反射隔热涂料，在地方标准 DGJ 32/TJ 165—2014《建筑反射隔热涂料保温系统应用技术规程》中检测太阳光反射比指标要求≥0.85，而在 GB/T 25261—2010《建筑用反射隔热涂料》中则要求≥0.80。显然，地方标准要求更高些，客户需要根据需要选择不同的标准进行检测。

（4）既有行业标准，又有地方标准时，应比较二者的区别。

比如回弹检测，有 JGJ/T 23—2011 行业标准和江苏省地方标准 DBJ32/TJ 145—2012，地方标准的指标严于国家标准，而且更适用于本地，所以应采用地方标准，以提高检测的准确性。

（5）既有推荐性国家标准，又有行业或地方标准时，则可根据产品生产标准来执行。

比如种植屋面用防水卷材，有国家标准 GB/T 35468—2017，也有行业标准 JC/T 1075—2008，若按行业标准检测其耐霉菌腐蚀性指标，需要检测拉力保持率；而按照国家标准检测，则没有该指标。

（6）仅有企业标准时，以前，根据《江苏省标准监督管理办法》中的规定，企业标准应报当地标准化行政主管部门和有关行政主管部门备案，并在“企业产品执行标准证书”上登记，经备案登记的企业产品标准方为有效标准。比如在

20 世纪 90 年代末，低合金盘圆变形钢筋是一种新产品，既无国家标准也无行业标准，则可以按已经备案登记的企业标准 Q/320500SG5602—1998《低合金盘圆变形钢筋》进行检测。而根据现在江苏省工程建设标准站规定，企业标准需进行标准认证才有效。其认证依据为《江苏省工程建设企业技术标准认证公告规则》，认证前需在指定网站进行公示，无异议后，进行公告。例如《YNB 石墨复合外墙外保温系统应用技术规程》（Q/320801TEPS001—2019）在江苏省建设科技网进行公示后，于 2019 年 12 月 26 日公告该企业技术标准有效期截止到 2021 年 12 月 25 日。

1.7.1.3 结语

了解检测标准体系，正确选择标准，是做好检测工作的前提。最重要的是要做好以下几点：

（1）应全面搜集各级标准；

（2）区分各标准的适用范围及时效性；

（3）根据不同情况，正确选择标准。

该文已经发表于《计量与测试技术》杂志，具体信息如下：

丁百湛．质检人员如何正确选择检测标准［J］．计量与测试技术，2000（04）：25-26.

原文中提到的标准基本都已更新或正在修订，标准分类以及相应的管理办法也在调整，在此做了修改。以下选编的论文有的也存在类似情况，不再赘述。

> **敏而好学，不耻下问。**
>
> ——孔子

1.7.2 浅谈墙体材料产品标准与相关规范的协调性

1.7.2.1 前言

随着经济的迅速发展，墙体材料产品也是日新月异，新产品不断推出，比如烧结保温砖和保温砌块产品，以及混凝土砖系列产品，但这些产品是否与相应的设计、验收规范相一致，值得关注。

1.7.2.2 有关墙体材料产品标准

根据市场需要，现将有关墙体材料产品标准列于表 1.2。

1.7.2.3 相关设计规范对墙体材料的要求

GB 50003—2011《砌体结构设计规范》第 3.1 条规定：承重结构与自承重结构分别选用的墙体材料强度等级，详见表 1.3。

GB 50003—2011《砌体结构设计规范》第 4.3.1 条规定：砌体结构的耐久性应根据表 1.4 的环境类别和设计使用年限进行设计。

表 1.2　墙体材料产品标准

序号	产品分类	标准名称代号	强度等级	主要指标
1	烧结类	GB/T 5101—2017《烧结普通砖》	分为 MU30、MU25、MU20、MU15、MU10 共 5 个强度等级	①强度等级；②抗风化性能；③泛霜；④石灰爆裂；⑤放射性物质
		GB/T 13544—2011《烧结多孔砖和多孔砌块》	分为 MU30、MU25、MU20、MU15、MU10 共 5 个强度等级	①密度等级；②强度等级；③孔型结构及空洞率；④泛霜；⑤石灰爆裂；⑥抗风化性能；⑦放射性核素限量
		GB/T 13545—2014《烧结空心砖和空心砌块》	分为 MU10.0、MU7.5、MU5.0、MU3.5、MU2.5 共 5 个强度等级	①强度等级；②密度等级；③孔洞排列及其结构；④泛霜；⑤石灰爆裂；⑥吸水率；⑦抗风化性能；⑧放射性核素限量
		GB/T 26538—2011《烧结保温砖和保温砌块》	分为 MU15.0、MU10.0、MU7.5、MU5.0、MU3.5 共 5 个强度等级	①强度等级；②密度等级；③泛霜；④石灰爆裂；⑤吸水率；⑥抗风化性能；⑦传热系数；⑧放射性核素限量
2	蒸压类	GB/T 11945—1999《蒸压灰砂砖》	分为 MU25、MU20、MU15、MU10 共 4 个强度等级	①抗压强度和抗折强度；②抗冻性
		JC/T 239—2014《蒸压粉煤灰砖》	分为 MU30、MU25、MU20、MU15、MU10 共 5 个强度等级	①强度等级（有抗折强度要求）；②抗冻性；③干燥收缩；④碳化性能
		GB/T 26541—2011《蒸压粉煤灰多孔砖》	分为 MU15、MU20、MU25 共 3 个强度等级	①强度等级；②抗冻性；③线性干燥收缩值；④碳化性能；⑤吸水率；⑥放射性核素限量
		GB/T 11968—2006《蒸压加气混凝土砌块》	分为 A1.0、A2.0、A2.5、A3.5、A5.0、A7.5、A10 共 7 个强度等级	①抗压强度；②干密度；③干燥收缩；④抗冻性；⑤导热系数

续表

序号	产品分类	标准名称代号	强度等级	主要指标
3	混凝土类	GB/T 21144—2007《混凝土实心砖》	分为 MU40、MU35、MU30、MU25、MU20、MU15 共 6 个强度等级	①密度等级；②强度等级；③最大吸水率；④干燥收缩率和相对含水率；⑤抗冻性；⑥碳化系数和软化系数
		GB/T 25779—2010《承重混凝土多孔砖》	分为 MU15、MU20、MU25 共 3 个强度等级	①孔洞率；②最小外壁和最小肋厚；③强度等级；④最大吸水率；⑤线性干燥收缩率和相对含水率；⑥抗冻性；⑦碳化系数；⑧软化系数；⑨放射性
		GB/T 24492—2009《非承重混凝土实心砖》	分为 MU5、MU7.5、MU10 共 3 个强度等级	①密度等级；②强度等级；③线性干燥收缩率和相对含水率；④抗冻性；⑤碳化系数；⑥软化系数；⑦ 放射性
		GB/T 24493—2009《装饰混凝土砖》	分为 MU15、MU20、MU25、MU30 共 4 个强度等级	①颜色、花纹；②强度等级；③吸水率；④线性干燥收缩率和相对含水率；⑤抗渗性；⑥抗冻性；⑦碳化系数和软化系数；⑧放射性
		GB/T 8239—2014《普通混凝土小型砌块》	分为 MU3.5、MU5.0、MU7.5、MU10.0、MU15.0、MU20.0 共 6 个强度等级	①强度等级；②相对含水率；③抗渗性；④抗冻性
		GB/T 15229—2011《轻集料混凝土小型空心砌块》	分为 MU2.5、MU3.5、MU5.0、MU7.5、MU10 共 5 个强度等级	①密度等级；②强度等级；③吸水率、干缩率和 相对含水率；④碳化系数和软化系数；⑤抗冻性；⑥ 放射性核素限量
4	石膏类	JC/T 698—2010《石膏砌块》	断裂荷载≥2000 N	①表观密度；②断裂荷载；③软化系数

表 1.3 设计规范要求墙体材料应达到的强度等级

<table>
<tr><th>序号</th><th>结构类型</th><th>块体名称</th><th>应达到的强度等级</th></tr>
<tr><td rowspan="5">1</td><td rowspan="5">承重结构</td><td>烧结普通砖、烧结多孔砖</td><td>MU30、MU25、MU20、MU15 和 MU10 共 5 个等级</td></tr>
<tr><td>蒸压灰砂普通砖、蒸压粉煤灰普通砖</td><td>MU25、MU20 和 MU15 共 3 个等级</td></tr>
<tr><td>混凝土普通砖、混凝土多孔砖</td><td>MU30、MU25、MU20 和 MU15 共 4 个等级</td></tr>
<tr><td>混凝土砌块、轻集料混凝土砌块</td><td>MU20、MU15、MU10、MU7.5 和 MU5 共 5 个等级</td></tr>
<tr><td colspan="2">注：①用于承重的双排孔或多排孔轻集料混凝土砌块砌体的孔洞率不应大于35%；②对用于承重的多孔砖及蒸压硅酸盐砖的折压比限值和用于承重的非烧结材料多孔砖的孔洞率、壁及肋尺寸限值及碳化、软化性能要求应符合现行国家标准 GB 50574《墙体材料应用统一技术规范》的有关规定</td></tr>
<tr><td>2</td><td>自承重结构</td><td>空心砖</td><td>MU10、MU7.5、MU5 和 MU3.5 共 4 个等级</td></tr>
</table>

表 1.4 砌体结构的环境类别

序号	条件
1	正常居住及办公室建筑的内部干燥环境
2	潮湿的室内或室外环境，包括与无侵蚀性土和水接触的环境
3	严寒和使用化冰盐的潮湿环境（室内或室外）
4	与海水直接接触的环境，或处于滨海地区的盐饱和的气体环境
5	有化学侵蚀的气体、液体和固态形式的环境，包括有侵蚀性土壤的环境

GB 50003—2011《砌体结构设计规范》第 4.3.5 条规定：设计使用年限为 50 年时，砌体材料的耐久性应符合下列规定，详见表 1.5 和表 1.6。

表 1.5 地面以下或防潮层以下的砌体、潮湿房间的墙体所用材料的最低强度等级

序号	潮湿程度	烧结普通砖	混凝土普通砖、蒸压普通砖	混凝土砌块
1	稍潮湿的	MU15	MU20	MU7.5
2	很潮湿的	MU20	MU20	MU10
3	含水饱和的	MU20	MU25	MU15

注：①在冻胀地区，地面以下或防潮层以下的砌体，不宜采用多孔砖，如采用时，其孔洞应用不低于 M10 的水泥砂浆预先灌实。当采用混凝土空心砌块时，其孔洞应采用强度等级不低于 Cb20 的混凝土预先灌实；②对安全等级为一级或设计使用年限大于 50 年的房屋，表中材料强度等级应至少提高一级。

表 1.6　对处于环境类别 3～5 等有侵蚀性介质的砌体材料的要求

序号	应采用的块材	不应采用的块材	备注
1	实心砖≥MU20，混凝土砌块≥MU15，灌孔混凝土的强度等级不应低于 Cb30	蒸压灰砂普通砖、蒸压粉煤灰普通砖	应根据环境条件对砌体材料的抗冻指标和耐酸、碱性能提出要求，或符合有关规范的规定

1.7.2.4　相关验收规范对墙体材料的要求

在 GB 50203—2011《砌体结构工程施工质量验收规范》中 5.2.1 条规定砖和砂浆的强度等级必须符合设计要求，规范中对墙体材料的相关要求详见表 1.7。

表 1.7　验收规范对墙体材料的相关要求

序号	砌体工程类型	适用产品	强度等级	产品龄期	验收批	抽检数量	章节条款号
1	砖砌体工程	烧结普通砖、混凝土实心砖	必须符合设计要求	非烧结材料龄期应≥28d	15 万块砖	1 组	第 5.1.1、5.1.2、5.2.1 条
		烧结多孔砖、混凝土多孔砖、蒸压灰砂砖、蒸压粉煤灰砖		非烧结材料龄期应≥28d	10 万块砖	1 组	第 5.2.1 条
2	混凝土小型空心砌块砌体工程	普通混凝土小型空心砌块、轻骨料混凝土小型空心砌块	必须符合设计要求	非烧结材料龄期应≥28d	1 万块砖	1 组，用于多层以上建筑的基础和底层的小砌块抽检数量不应少于 2 组	第 6.1.1、6.1.2、6.2.1 条
3	填充墙砌体工程	烧结空心砖	必须符合设计要求	非烧结材料龄期应≥28d；蒸压加气混凝土砌块的含水率宜＜30％	10 万块砖	1 组，采用化学植筋的连接方式时，锚固钢筋拉拔试验的轴向受拉非破坏承载力检验值为 6.0kN	第 9.1.1、9.1.2、9.2.1、9.2.3 条
		蒸压加气混凝土砌块、轻骨料混凝土小型空心砌块			1 万块砖		

1.7.2.5　GB 50574—2010《墙体材料应用统一技术规范》对块体材料的要求

第 3.2.2 条规定块体材料强度等级应符合下列规定：

a. 产品标准除应给出抗压强度等级外，尚应给出其变异系数的限值；

b. 承重砖的折压比不应小于表 1.8 的要求。

表 1.8 承重砖的折压比

<table>
<tr><td rowspan="3">砖种类</td><td rowspan="3">高度/mm</td><td colspan="5">砖强度等级</td></tr>
<tr><td>MU30</td><td>MU25</td><td>MU20</td><td>MU15</td><td>MU10</td></tr>
<tr><td colspan="5">折压比</td></tr>
<tr><td>蒸压普通砖</td><td>53</td><td>0.16</td><td>0.18</td><td>0.20</td><td>0.25</td><td>—</td></tr>
<tr><td>多孔砖</td><td>90</td><td>0.21</td><td>0.23</td><td>0.24</td><td>0.27</td><td>0.32</td></tr>
</table>

注：①蒸压普通砖包括蒸压灰砂实心砖和蒸压粉煤灰砖；②多孔砖包括烧结多孔砖和混凝土多孔砖。

c. 蒸压加气混凝土劈压比不应小于表 1.9 的要求。

表 1.9 蒸压加气混凝土的劈压比

强度等级	A3.5	A5.0	A7.5
劈压比	0.16	0.12	0.10

d. 块体材料的最低强度等级应符合表 1.10 的规定。

表 1.10 块体材料的最低强度等级

<table>
<tr><td colspan="2">块体材料用途及类型</td><td>最低强度等级</td><td>备注</td></tr>
<tr><td rowspan="4">承重墙</td><td>烧结普通砖、烧结多孔砖</td><td>MU10</td><td rowspan="2">用于外墙及潮湿环境的内墙时，强度应提高一个等级</td></tr>
<tr><td>蒸压普通砖、混凝土砖</td><td>MU15</td></tr>
<tr><td>普通、轻骨料混凝土小型空心砌块</td><td>MU7.5</td><td>以粉煤灰作掺合料时，粉煤灰的品质、取代水泥最大限量和渗量应符合国家现行标准《用于水泥和混凝土中的粉煤灰》（GB/T 1596—2017）、《粉煤灰混凝土应用技术规范》（GB/T 50146—2014）的有关规定</td></tr>
<tr><td>蒸压加气混凝土砌块</td><td>A5.0</td><td>—</td></tr>
<tr><td rowspan="3">自承重墙</td><td>轻骨料混凝土小型空心砌块</td><td>MU3.5</td><td>用于外墙及潮湿环境的内墙时，强度等级不应低于 MU5.0。全烧结陶粒保温砌块用于内墙，其强度等级不应低于 MU2.5、密度不应大于 800kg/m³</td></tr>
<tr><td>蒸压加气混凝土砌块</td><td>A2.5</td><td>用于外墙时，强度等级不应低于 A3.5</td></tr>
<tr><td>烧结空心砖和空心砌块、石膏砌块</td><td>MU3.5</td><td>用于外墙及潮湿环境的内墙时，强度等级不应低于 MU5.0</td></tr>
</table>

注：①防潮层以下应采用实心砖或预先将孔灌实的多孔砖（空心砌块）；②水平孔块体材料不得用于承重砌体。

表 1.11　相关规范与产品标准的比较

序号	结构类型	GB 50003—2011		GB 50574—2010	产品标准	备注
		块体名称	应达到的强度要求			
1	承重结构	烧结普通砖、烧结多孔砖	MU30、MU25、MU20、MU15 和 MU10 共 5 个等级	最低强度等级 MU10，用于外墙及潮湿环境的内墙时，强度应提高一个等级	① GB/T 5101—2017《烧结普通砖》分 MU30、MU25、MU20、MU15 和 MU10 共 5 个等级；② GB/T 13544—2011《烧结多孔砖和多孔砌块》分 MU30、MU25、MU20、MU15 和 MU10 共 5 个等级	规范与产品标准要求一致
		蒸压灰砂砖、蒸压粉煤灰普通砖	MU25、MU20、MU15 共 3 个等级	最低强度等级 MU15，用于外墙及潮湿环境的内墙时，强度应提高一个等级	① GB /T 11945—1999《蒸压灰砂砖》分 MU25、MU20、MU15 和 MU10 共 4 个等级；② JC/T239—2014《蒸压粉煤灰砖》分 MU30、MU25、MU20、MU15 和 MU10 共 5 个等级	蒸压灰砂砖和蒸压粉煤灰砖产品的 MU10 等级砖不能用于承重结构
		混凝土普通砖、混凝土多孔砖	MU30、MU25、MU20、MU15 共 4 个等级	最低强度等级 MU15	① GB/T 21144—2007《混凝土实心砖》分 MU40、MU35、MU30、MU25、MU20 和 MU15 共 6 个等级；② GB/T 25779—2010《承重混凝土多孔砖》分 MU15、MU20、MU25 共 3 个等级	混凝土实心砖和承重混凝土多孔砖产品均达到或超过设计规范要求
		混凝土砌块、轻集料混凝土砌块	MU20、MU15、MU10、MU7.5 和 MU5 共 5 个等级	最低强度等级 MU7.5	① GB/T 8239—2014《普通混凝土小型砌块》分 MU3.5、MU5.0、MU7.5、MU10.0、MU15.0、MU20.0 共 6 个等级；② GB/T 15229—2011《轻集料混凝土小型空心砌块》分 MU2.5、MU3.5、MU5.0、MU7.5 和 MU10.0 共 5 个等级	GB 50574—2010 要求承重砌块的强度等级要达到 MU7.5 以上，与设计规范的最低 MU5 相比高 1 个强度等级

续表

序号	结构类型	GB 50003—2011		GB 50574—2010	产品标准	备注
		块体名称	应达到的强度要求			
2	自承重结构	空心砖	MU10、MU7.5、MU5、MU3.5共4个等级	MU3.5	① GB /T13545—2014《烧结空心砖和空心砌块》分为MU10.0、MU7.5、MU5.0、MU3.5和MU2.5共5个等级；② GB/T 24492—2009《非承重混凝土空心砖》分为MU5、MU7.5和MU10共3个等级；③ GB /T26538—2011《烧结保温砖和保温砌块》分MU15.0、MU10.0、MU7.5、MU5.0和MU3.5共5个等级	GB/T13545—2014中MU2.5产品不能用于自承重结构，因为不满足GB 50003和GB 50574的相应要求
		轻集料混凝土砌块	MU10、MU7.5、MU5、MU3.5共4个等级	MU3.5	GB/T 15229—2011《轻集料混凝土小型空心砌块》分MU2.5、MU3.5、MU5.0、MU7.5和MU10共5个等级	GB/T 15229—2011中的MU2.5产品也不能用于自承重结构，因为不能满足GB 50003和GB 50574的相应要求

1.7.2.6 相关规范与产品标准的比较

通过比较发现，蒸压灰砂砖和粉煤灰砖的MU10等级砖不能用于承重结构，烧结空心砖和轻集料混凝土小型空心砌块的MU2.5等级砖不能用于自承重结构。另外，从表1.8、表1.9可以看出GB 50574—2010《墙体材料应用统一技术规范》对承重砖的折压比和蒸压加气混凝土劈压比提出了要求，而在承重砖产品标准中只有GB/T 11945—1999《蒸压灰砂砖》和JC/T 239—2014《蒸压粉煤灰砖》对抗折强度有要求，其余产品均没有抗折要求，因而无法与GB 50274—2010的要求相吻合。在GB/T 11968—2006《蒸压加气混凝土砌块》标准中没有劈裂抗拉强度要求，因而劈压比也就没有要求，建议相关标准完善，详见表1.11。

1.7.2.7 结语

《砌体结构设计规范》对承重结构和自承重结构用墙体材料都提出了相应的强度等级要求；《墙体材料应用统一技术规范》对块体材料的强度等级提出了要求，同时对承重砖的折压比、蒸压加气混凝土的劈压比也提出了要求，但相应产品标准没有此方面的要求，需要完善。根据设计规范，蒸压灰砂砖、粉煤灰砖的MU10等级砖不能用于承重结构，烧结空心砖和轻集料混凝土小型空心砌块的

MU2.5 等级块材不能用于自承重结构。

该文已经发表于《砖瓦》杂志，具体信息如下：

丁百湛，孙明．浅谈墙体材料产品标准与相关规范的协调性［J］．砖瓦，2012（9）：42-45.

业精于勤，荒于嬉；行成于思，毁于随。

——韩愈

1.7.3 浅谈工程质量检测人员应熟悉的产品标准和工程建设标准

1.7.3.1 前言

作为一名工程质量检测机构的检测人员，我们每天都与标准打交道，最熟悉的标准主要是产品标准和试验方法标准。有了这两类标准一般就可以开展检测并对检测结果进行判定，然而仅有这两类标准有时还不够，作为一名工程质量检测人员，还应熟悉哪些标准呢？下面就此做一简要分析，不妥之处，敬请批评指正。

1.7.3.2 标准的分类

在郭丹主编的《标准研制与审查》一书中，按照标准使用的范围划分，可分为国际标准、区域标准、国家标准、行业标准、地方标准、企业标准等 6 种标准；按照标准化对象不同，国家标准还可分为基础标准、方法标准、产品标准、管理标准、安全标准、卫生标准、环保标准和其他标准八个类别[3]（2017 版《中华人民共和国标准化法》增加了团体标准）。产品标准是规定产品应满足的要求以确保其适用性的标准。例如 GB/T 1.1—2009《标准化工作导则　第 1 部分：标准的结构和编写》就是一部国家基础标准。只要编写标准，不管是哪个层次的，在国内都应按此要求编写。

而在工程建设领域，中华人民共和国成立初期，引进借鉴苏联的方式[4]。经过 70 多年的发展，我国建立了一套工程建设标准体系。截至 2011 年年底，我国现行工程建设标准共有 5629 项，其中国家标准 671 项，行业标准 2907 项，地方标准 2051 项[5]。工程建设标准是为在工程建设领域内获得最佳秩序，对各类建设工程的勘察、规划、设计、施工、验收、运行、管理、维护、加固、拆除等活动和结果需要协调统一的事项所制定的共同的、重复使用的技术依据和准则。它经协调一致并由公认机构审查批准，以科学技术和实践经验的综合成果为基础，以保证工程建设的安全、质量、环境和公众利益为核心，以促进最佳社会效益、经济效益、环境效益和最佳效率为目的。

按照我国现有的工程建设标准体系，主要划分为 17 个专业。作为检测人员主要涉及的建筑材料应用、产品检测的内容则包含在专业号为文献［5］中 4 的“建筑施工质量与安全专业”中。细分为文献［5］中 4.1 基础标准、4.2 通用标准和 4.3 专用标准 3 类。比如 GB/T 50731—2011《建材工程术语标准》属于基础标准，GB 50203—2011《砌体结构工程施工质量验收规范》属于通用标准，JGJ 107—2016《钢筋机械连接技术规程》则属于专用标准。

1.7.3.3 标准的命名

通常接触的标准有产品标准、方法标准。产品标准一般以产品命名如 GB/T 21144—2007《混凝土实心砖》，方法标准如 GB/T 50080—2016《普通混凝土拌合物性能试验方法标准》。而在工程建设领域，以“设计、施工、技术、质量验收规范”或“技术规程”命名的标准比比皆是。那么它们是怎样命名的呢？按照 GB/T 20000.1—2014《标准化工作指南 第 1 部分：标准化和相关活动的通用术语》的规定，“技术规范”是规定产品、过程或服务应满足的技术要求的文件。［6］“规程”是为设备、构件或产品的设计、制造、安装、维护或使用而推荐惯例或程序的文件。而对术语、符号、计量单位、制图等基础性要求，一般采用“标准”命名，如 JGJ/T 119—2008《建筑照明术语标准》；对工程勘察、规划、设计、施工、验收等通用性要求，一般采用“规范”命名，如 GB 50016—2014《建筑设计防火规范》；对具体操作、工艺、施工流程等专用性要求，一般采用“规程”命名，如 JGJ 55—2011《普通混凝土配合比设计规程》。

1.7.3.4 产品标准与规范、规程的区别

产品标准一般由前言、范围、规范性引用文件、术语和定义、规格、等级和标记、原材料、技术要求、试验方法、检验规则、产品合格证、堆放和运输以及规范性附录或资料性附录等 12 部分组成，如 GB/T 25779—2010《承重混凝土多孔砖》就是由上述部分组成（有规范性附录 A、B、C）。

而工程建设标准规范或规程通常由公告、前言、总则、术语和符号、基本规定、技术内容、附录、标准用词说明、引用标准目录和条文说明等组成。例如 GB 50574—2010《墙体材料应用统一技术规范》就由公告、总则、术语和符号、技术内容、本规范用词说明、引用标准名录、条文说明组成。其显著特点是有“公告”和“条文说明”，而且工程建设标准通常为 32 开本，有别于产品标准的 16 开本。比如 GB 50574—2010《墙体材料应用统一技术规范》和 JGJ/T 70—2009《建筑砂浆基本性能试验方法标准》均为 32 开本。

另外，需要注意的是，有的产品国家标准、产品行业标准也由住房城乡建设部相关部门提出，但不属于工程建设标准，它们都属于产品标准，用 16 开本印刷。如 GB/T 8478—2008《铝合金门窗》、JG/T 369—2012《缓粘结预应力钢绞线》都是产品标准。还有由中国工程建设标准化协会批准的协会标准都是推荐性标准，虽然未列入标准化法的标准分级中，但也是重要的标准，是对国家标准、行业规准的重要补充。其显著特点是有“CECS”图标，封面为绿底黑字，用 32 开本印刷。协会标准属于团体标准。

1.7.3.5　工程建设标准与产品标准的协调性

工程建设标准与产品标准要遵循先后关系，相互补充。即在有现行产品标准规定时，产品标准的条文可被工程建设标准采用，或为工程建设标准的条款。工程建设标准规定的条款，涉及产品内容的也可被其后制定的产品标准采用。工程建设标准的验收底线是出厂要满足产品标准要求，现场达到所采用产品的尺寸与性能要求；产品标准的检验要至少在工程实施上达到了产品的功能与性能要求。例如工程建设标准 GB 50574—2010《墙体材料应用统一技术规范》于 2011 年 6 月 1 日实施，在其中的 3.2.2 条规定：“产品标准除应给出抗压强度等级外，尚应给出其变异系数的限值，承重砖的折压比不应小于表 3.2.2-1 的要求”，且此条是强制性条款。而产品标准 GB/T 25779—2010《承重混凝土多孔砖》于 2011 年 11 月 1 日实施，在其之后，但该标准中并未给出抗压强度的变异系数，而是以抗压强度的平均值和单块最小值来评定强度，更没有折压比的要求，因而与 GB 50574—2010 不相协调，在以后的标准修订时，应予以考虑。公布征求意见稿的《蒸压粉煤灰砖》建材行业标准中，规定了抗压强度、抗折强度，但其折压比小于 CECS 256：2009《蒸压粉煤灰砖建筑技术规范》要求，详见表 1.12。从上述分析可以看出，作为检测人员，我们不仅要熟悉相关产品标准，还要关注与之相关的工程建设标准，如设计规范、施工规范、质量验收规范，同时注重它们之间的区别与联系，避免出现错判或关键性能没有检测。

表 1.12　蒸压粉煤灰砖产品标准与 CECS 256：2009 要求、GB 50574—2010 要求的比较

序号	项目	《蒸压粉煤灰砖》建材行业标准征求意见稿	CECS 256：2009《蒸压粉煤灰砖建筑技术规范》	GB 50574—2010《墙体材料应用统一技术规范》
1	强度等级	分为四个等级：MU15、MU20、MU25、MU30	分为三个等级：MU25、MU20、MU15	产品标准除应给出抗压强度等级外，尚应给出其变异系数的限值
	蒸压普通砖折压比	抗压强度平均值≥15.0MPa，单块最小值≥12.0MPa，抗折强度平均值≥3.5MPa，单块最小值≥3.0MPa（计算折压比为 3.5/15.0＝0.23＜0.25MU20：4.0/20.0＝0.20，MU25：4.5/25.0＝0.18，MU30：4.8/30.0＝0.16）	承重砖的折压比不应低于 0.25	MU30：≥0.16、MU25：≥0.18、MU20：≥0.20、MU15：≥0.25
2	线性干燥收缩值	≤0.50mm/m	出厂时应≤0.50mm/m	—

从表 1.12 可以看出，在《蒸压粉煤灰砖》征求意见稿中，MU15 的折压比

不能满足 CECS 256：2009 和 GB 50574—2010 的相应规范要求，而 GB 50574—2010 中 3.2.2 条是强制性条款，应该执行，因而需引起产品标准制定者注意。

1.7.3.6 结语

工程建设标准自成体系，有别于一般标准。

工程检测人员不仅要关注产品标准，还要关注工程建设标准，并注意其中的协调性。

该文已经发表于《砖瓦》杂志，具体信息如下：

丁百湛，张璐，李保亮．浅谈工程质量检测人员应熟悉的产品标准和工程建设标准［J］．砖瓦，2013（09）：53-54.

学而不思则罔，思而不学则殆。

——孔子

1.7.4 关于检测方法标准可视化、形象化的建议

1.7.4.1 前言

标准是为在一定的范围内获得最佳秩序，经协商一致制定并由公认机构批准，共同使用的和重复使用的一种规范性文件。按照标准使用范围划分为：国际标准、区域标准、国家标准、行业标准、地方标准和企业标准 6 类（2017 版《中华人民共和国标准化法》增加团体标准）；若按照标准化对象不同，标准可分为基础标准、方法标准、产品标准、管理标准、安全标准、卫生标准、环保标准和其他标准 8 个类别。

方法标准是以各种技术活动的方法为对象所制定的标准，如试验方法、检验方法、测量方法、分析方法、计算方法、抽样方法等标准以及各种操作规程、设计规范等。通常我们把检测某种产品的方法标准称为检测方法标准，它们可能叫试验方法、检验方法、试验规程、检测规程、测量规范、测定方法。比如 GB/T 50081—2019《混凝土物理力学性能试验方法标准》、JGJ 52—2006《普通混凝土用砂、石质量及检验方法标准》、SL 352—2006《水工混凝土试验规程》、DGJ32/TJ 142—2012《建筑地基基础检测规程》、JGJ 8—2016《建筑变形测量规范》、GB/T 1933—2009《木材密度测定方法》。有的检测方法直接在产品标准中体现，比如 GB/T 14684—2011《建设用砂》既是产品标准，里面也含有试验方法。

1.7.4.2 检测方法标准存在的问题

1. 检测方法描述不清，不便于执行

比如在 JC/T 209—2012《膨胀珍珠岩》标准中，对导热系数的测量描述为

"仲裁时按 GB/T 10294《绝热材料稳态热阻及有关特性的测定防护热板法》检测"。GB/T 10294 主要用于检测板材的导热系数，而膨胀珍珠岩基本上为粒径小于等于 5.0mm 的颗粒，这种散粒状的材料如何装进平板导热仪中，标准中并没有交代，这就给检测人员造成困惑，同时，许多检测标准中并没有条文解释等背景资料，不便于检测人员理解执行。

2. 检测方法描述清楚，但检测过程较为复杂，不易掌握要点

如在 GB/T 50081—2019《混凝土力学性能试验方法标准》中第 7 章对静压受压弹性模量试验描述较为清楚全面，但使用的微变形测量仪可采用千分表、电阻应变片测长仪和激光测长仪、引伸仪或位移传感器等。检测人员可能对千分表较熟悉，而对于采用电阻应变片测长仪和激光测长仪的检测方法则可能较生疏，虽然可以参考设备操作说明书进行试验，但总归没有底气。如果有教学视频或安装图示将会有很大帮助。

1.7.4.3　对检测方法标准可视化的建议

针对目前检测标准仅有文字、公式或示意图的描述，如果采用现代传媒技术在标准发行的同时发行光盘，光盘里面有方法的演示或动画演示，这样对于标准检测方法的理解和标准化将会有很大的促进作用。因为制定方法标准的目的是要去执行，让大家在同一种方法下进行检测，从而保证检测结果的公正、公平。

2009 年以来，在大型建筑安装工程中采用 BIM 技术，"BIM" 字面意思是"建筑信息模型"，即"利用数字、信息化技术对于建筑前期项目设计、中期工程施工、后期物业运营等阶段进行管理、协调的过程"[7]。这样把设计图纸由平面图形变为立体影像，从只有专业人士才能看得懂的图纸到普通建筑工人均能理解的建筑三维模型。模型可以剖切，也可以展示结构水电管路等各种工艺布置等。这一技术的使用将会带来一场革命，同时更好地保证施工质量。住房城乡建设部将 BIM 技术列为"十二五" 重点推广技术[8]。

由此我们可以联想到，我们使用的检测标准，如果由制定标准的权威专家或权威机构将其要点做成可视化资料，同时讲解标准制定的背景和检测注意事项，然后大家统一执行，该有多好！这样才能充分发挥标准的作用。标准不能只有专家才能看懂，应让普通检测人员特别是基层检测人员通过学习也能较好的理解掌握。方法标准的形象化、可视化应得到重视。这方面，辽宁省质量技术监督局做得很好，比如在其官网上可以看到"质监课堂" 视频，里面有关于纺织品 pH 值检验、人造板甲醛释放量检验等不同产品参数的检验方法，非常直观。另外，在其 2012 年 9 月 10 日发布的文件"关于建设全省现代农业标准体系的实施意见"中提到："2014 年年底前，在各市级农业标准体系完成的基础上，基本建立起全省的农业标准体系，并通过信息化等手段，实现农业标准体系中所有农业标准在全省各市、县（市、区）的资源共享。" 为此，辽宁省质量技术监督局在其网站上专门辟有"农业标准化视频"，播放相关农产品生产技术规程视频，对于推广

技术规程起到巨大的推动作用。因而，我们如果在方法标准发布的同时，也制作相关的检测方法视频，将会推动标准的执行力度，从而保证检测结果的准确。

1.7.4.4 结语

（1）制定标准的目的是为了执行，应便于理解；

（2）方法标准的可视化、形象化有必要也有可能得到推广应用。

该文已经发表于《中国质量与标准导报》杂志，具体信息如下：

丁百湛，孙明．关于检测方法标准可视化、形象化的建议［J］．中国质量与标准导报，2014（6）：49-50.

三人行，必有我师焉。
择其善者而从之，其不善者而改之。
——孔子

1.7.5 第三方检测实验室检测方法的选择和验证

1.7.5.1 引言

第三方检测实验室是指为社会出具公证数据的检验机构，它必须通过资质认定中的计量认证。在开展新的检测项目时，要进行检测方法的选择和验证，如果方法发生了变化，应重新进行验证。当客户来委托时，实验室应采用满足客户需要并适用于所进行的检测的方法，包括抽样的方法。因而对于实验室来说，在新项目开展时和接受客户委托时都应进行方法的选择；方法的确认则在新项目评审和方法发生变化这两种情况下进行。

1.7.5.2 相关准则中对检测方法及方法验证的有关规定

RB/T 214—2017 第 4.5.14 条规定“在使用标准方法前，应进行验证。在使用非标准方法（含自制方法）前，应进行确认。检验检测机构应跟踪方法的变化，并重新进行验证或确认。必要时，检验检测机构应制定作业指导书。”在 CNAS－CL01：2018《检测和校准实验室能力认可准则》第 7.2 条方法的选择、验证和确认中，分为第 7.2.1 条方法的选择和验证，第 7.2.2 条方法确认。实验室在引入方法前，应验证能够正确地运用该方法，以确保实现所需的方法性能。如果发布机构修订了方法，应在所需的程度上重新进行验证。

1.7.5.3 第三方检测实验室方法选择和方法验证的现状

第三方检测实验室（这里仅以建筑工程领域的实验室为例）在进行方法选择和方法验证时，通常比较重视产品标准和方法标准的选择，而忽视相关施工技术和验收规范等工程建设标准的选择。确认也仅仅是对发生标准变更时进行验证，在开展新项目时并不对所选标准进行验证。从而造成许多检测人员不熟悉相关标准就开展检测，检测质量可想而知，会出现各种各样的问题。

1.7.5.4　提高方法选择和方法验证有效性的措施

1. 方法选择的时机

（1）在计量认证首次评审或扩项评审时，要确定需要检测的项目和参数。这时就需要进行检测标准的选择，一般情况下包括开展新项目涉及的产品标准和方法标准。有时还要考虑相关的工程建设标准。比如我们准备开展承重混凝土多孔砖检测，那么涉及产品标准 GB/T 25779—2010《承重混凝土多孔砖》和方法标准 GB/T 4111—2013《混凝土砌块和砖试验方法》，还要考虑工程建设国家标准 GB 50574—2010《墙体材料应用统一技术规范》，因为这里面对承重砖的折压比提出了相应的要求，而在产品标准中没有涉及。另外，当检测方法有多个时，则要考虑列入几个方法。比如说在进行钢筋拉伸时，一般选择 GB/T 228.1—2010《金属材料 拉伸试验 第1部分：室温试验方法》，而 GB/T 28900—2012《钢筋混凝土用钢材试验方法》往往被忽略。事实上，在 GB/T 1499.2《钢筋混凝土用钢 第2部分：热轧带肋钢筋》即将出台的修订稿中测定钢筋最大伸长率 A_{gt} 有两种方法，一种用 GB/T 228.1—2010，采用引伸计法，另一种则是用 GB/T 28900—2012 中的手工方法。就目前条件而言，多数检测机构还是用手工方法进行 A_{gt} 的检测。因而钢筋拉伸试验方法不能仅考虑 GB/T 228.1—2010，还要考虑 GB/T 28900—2012。

（2）在客户委托时，要做好方法的选择。有时客户委托试验时，不知该用哪个标准或者其填写的标准作废时，实验室可推荐其选用的现行国家标准、行业标准或地方标准。当客户坚持使用作废标准时，实验室应明确告知客户，并要求其在委托单上签字确认，同时在检测记录和报告加以说明。

方法选择主要是发生在实验室申请计量认证时，另外当客户委托时，可能也会有方法选择的问题。

2. 方法验证的时机

方法验证的时机有两个：一个是在新项目开展时，也就是申请计量认证时，另一个是当方法发生变化时，应重新进行验证。一般实验室对标准变更的确认比较重视，而对新项目的方法确认不太重视。《检验检测机构资质认定能力评价 检验检测机构通用要求》（RB/T 214—2017）第4.5.14条规定："检验检测机构应跟踪方法的变化，并重新进行验证或确认"。开展新项目，必须对选用的新方法进行有效验证，就是要对所用的仪器设备、环境条件、人员技术等条件予以验证。

3. 方法验证的内容

（1）培训检测人员，学习相关标准，编制原始记录表格格式和检测报告格式。

（2）准备新方法所需的技术资料、仪器设备和易耗品等，并进行检定/校准，建立设备档案。

（3）准备所需要的试验设施和环境条件。

（4）按标准进行试验，并形成检测报告。

（5）进行一次实验室间比对或能力验证，确保新方法的可靠性。

（6）当标准发生变更需添置新设备时，属于检验性质发生变化，实验室应申请扩项评审。

1.7.5.5 结语

（1）在申请计量认证时，应注意方法选择；

（2）申请计量认证时，应进行方法验证。不能仅在方法变更时进行验证。

该文已经发表于《现代测量与实验室管理》杂志，具体信息如下：

丁百湛，张璐．第三方检测实验室检测方法的选择和确认［J］．现代测量与实验室管理，2014（4）：63-64.

原文中依据的评审准则和认可准则，现分别被 RB/T 214—2017《检验检测机构资质认定能力评价 检验检测机构通用要求》、CNAS-CL01：2018《检测和校准实验室能力认可准则》所代替。按照 RB/T 214—2017 中 4.5.14 条的规定，该文的“方法确认”，现在指的是“验证”。4.5.14 条规定在使用标准方法前，应进行验证。在使用非标准方法（含自制方法）前，应进行确认。检验检测机构应跟踪方法的变化，并重新进行验证或确认。CNAS-CL01：2018 中 7.2.1 条方法的选择和验证中，“实验室在引入方法前，应验证能够正确地运用该方法，以确保实现所需的方法性能。应保存验证记录。如果发布机构修订了方法，应在所需的程度上重新进行验证”。验证针对的是检验检测标准，而现在的方法确认是针对非标准方法实验室制定的方法、超出预定范围使用的标准方法或其他修改的标准方法进行确认。

己所不欲，勿施于人。

——孔子

1.7.6 对计量认证申请项目标准化的建议

1.7.6.1 前言

2006 年 4 月 1 日实施的《实验室和检测机构资质认定管理办法》规定了“资质认定的格式包括计量认证和审查认可”[9]，资质认定是国家认监委和地方质监部门依据有关法律、行政法规对实验室的管理体系和检测能力进行的考核、审查。对于实验室来说，检测能力一般体现在能检多少产品和参数上，因而一般实验室在申请计量认证时较重视产品标准的申报，而忽视方法标准的申报。

1.7.6.2 注重方法标准的申报

计量认证是资质认定的形式之一，主要是质监部门对实验室的管理体系和检测能力的考核和审查。怎样体现实验室的检测能力？是否是检测产品越多，检测能力就越强？笔者认为未必。检测能力的体现，主要在于实验室是否能够把产品的检测参数做全、做精，哪怕是只做一种产品，只要能够做全、做精就是不错的。比如查阅 CNAS 官方网站，代号为 CNAS L0839 的“宜兴出入境检验检疫局陶瓷检测实验室”，针对其地方以日用陶瓷和建筑陶瓷这两类陶瓷产品为特色，在申请实验室认可时就仅申报了这两类产品，但不能说它的检测能力不行，因为它的参数做得很全，做到了产品少而精。查看其证书副本发现其申请的标准基本都是方法标准，而产品标准 GB/T 4100—2015《陶瓷砖》并没有列入。查阅代号为 CNAS L1159 的“西安航空定力股份有限公司材料检测研究中心”申报的 14 大类产品，包括钢铁材料、铝和铝合金和焊接试件等，无一例外申报的全是方法标准。

为什么要强调方法标准的申报？可以从以下三方面考虑。一是只有明确了方法标准，检测工作才能正常开展；二是一个方法标准可能适用于多个产品标准；三是检测方法标准往往比产品标准更新要慢，现在产品标准更新迅速，不断有新产品面市，而实验室不可能因为少量的产品就及时申请计量认证，往往是滞后于市场变化。也就是市场上已有某种产品在使用了，但实验室还没有通过该产品标准的计量认证。此时若其使用的方法标准也未在实验室通过的能力范围之内，这样就不好对该产品进行合法的检测，从而不能及时满足客户的检测需求。实验室如果重视方法标准的申报，则可以顺利地对该产品的相关参数进行检测。举例来说，检测水泥强度使用的是方法标准 GB/T 17671—1999《水泥胶砂强度检验方法（ISO 法）》，通过计量认证的有水泥产品标准 GB 175—2007《通用硅酸盐水泥》和方法标准 GB/T 17671—1999《水泥胶砂强度检测方法（ISO 法）》，这时客户委托的道路硅酸盐水泥，其产品标准为 GB 13693—2017《道路硅酸盐水泥》，也要求检测其强度，我们查阅计量认证证书附表，发现其强度检测使用的也是 GB/T 17671—1999，则我们可以接受客户委托，对其进行强度检测。

1.7.6.3 建议计量认证申报时进行标准化管理编制申请表填写作业指导文件或示范文本

查询 CNAS 官方网站，笔者发现其相关的认可、认证规范相当齐备。比如 CNAS-EL-03：2016《检测和校准实验室认可能力范围表述说明》（2016 年 7 月 6 日实施），就规定了检测和校准实验室认可能力范围表述的通用要求。关于“检测标准”，其中第 3.3.1 条为“检测标准应按国内标准、国际标准和国外标准、非标准方法和实验室制定的方法顺序填写。原则上，正文和英文的能力范围应分别采用中文和英文填写，其他语种的标准均应翻译成中文和英文后填写。”

从而知道标准的名称只能采用中、英文两种语言。第 3.3.4 条为“当标准中仅规定限值要求及检测引用的方法标准时，实验室应将引用的方法标准单独申请认可”。从这一条可以看出，产品标准中没有具体方法时，应将引用的方法标准首先列入申报表中，而不必列入产品标准。第 3.3.5 条为“当样品前处理引用了专门的样品处理标准时，样品处理标准应与检测方法标准同时申请认可”。例如，客户委托低合金高强度结构钢这种产品，其产品标准为 GB/T 1591—2018《低合金高强度结构钢》，弯曲试验方法采用 GB/T 232—2010《金属材料弯曲试验方法》，其取样、制样方法采用 GB/T 2975—2018《钢及钢产品力学性能试验取样位置及试样制备》。在申请认可时，不仅要申请 GB/T 1591—2018，还要申请 GB/T 232—2010 和 GB/T 2975—2018 两个标准，并且列在产品标准之前。

综上所述，我们是否可以借鉴实验室认可相关规范的规定，对计量认证申报表进行标准化管理？即对申报表的填写编写作业指导文件或示范文本，也是先列方法标准和样品处理标准所需申请参数，再按每一种相关产品标准逐一列出每种产品所能检的参数。而不是像现在有的计量认证检测能力申报表将某一类产品的检测参数统一列在一起，从而无法分辨哪一种产品到底能做哪个参数，造成误检。

1.7.6.4 结语

（1）计量认证不能仅列产品标准，忽视方法标准。

（2）计量认证申报表应进行标准化管理，即编制作业指导文件或示范文本，从而保证资质证书副本条缕清晰。

该文已经发表于《中国标准导报》杂志，具体信息如下：

丁百湛．对计量认证申请项目标准化的建议［J］．中国标准导报，2014（12）：29-30.

> 读书破万卷，下笔如有神。
>
> ——杜甫

1.7.7 对砖、砌块产品标准中检验分类的一点建议

1.7.7.1 前言

用于墙体材料的产品主要有砖、砌块和板材，砖主要分为烧结砖和非烧结砖，砌块分为烧结砌块和混凝土砌块。涉及的主要产品标准有 GB/T 5101—2017《烧结普通砖》、GB/T 13545—2014《烧结空心砖和空心砌块》、GB/T 26538—2011《烧结保温砖和保温砌块》、GB/T 21144—2007《混凝土实心砖》、GB/T 25779—2010《承重混凝土多孔砖》、GB/T 24492—2009《非承重混凝土空心

砖》、GB/T 8239—2014《普通混凝土小型砌块》、GB/T 15229—2011《轻集料混凝土小型空心砌块》、GB/T 11968—2006《蒸压加气混凝土砌块》。在这些标准的“检验规则”中，检验分类都分为出厂检验和型式检验两种，而没有交货检验或适用于第三方检验检测机构的检验类型。

1.7.7.2　常用产品标准中检验分类

建筑工程中常用产品有砖、砌块、水泥、预拌混凝土、预拌砂浆和钢筋，其中的产品检验分类列于表 1.13。

表 1.13　建筑工程中常用产品标准的检验分类汇总

序号	材料名称	产品标准	检验分类	说明
1	砖和砌块	GB/T 5101—2017《烧结普通砖》；GB/T 13545—2014《烧结空心砖和空心砌块》；GB/T 21144—2007《混凝土实心砖》；GB/T 25779—2010《承重混凝土多孔砖》；GB/T 8239—2014《普通混凝土小型砌块》；GB/T 11968—2006《蒸压加气混凝土砌块》	分为出厂检验和型式检验两种	砖、砌块产品标准检验分为出厂检验和型式检验两种
2	水泥	GB 175—2007《通用硅酸盐水泥》	分为出厂检验、交货与验收两种	水泥分为出厂检验、交货与验收两种
3	预拌混凝土	GB/T 14902—2012《预拌混凝土》	分为出厂检验、交货检验两种。出厂检验的取样和试验工作应由供方承担，交货检验的取样和试验工作应由需方承担。当需方不具备试验和人员的技术资质时，供需双方可协商确定并委托有检验资质的单位承担，并应在合同中予以明确	预拌混凝土分为出厂检验、交货检验两种
4	预拌砂浆	GB/T 25181—2010《预拌砂浆》	标准中：9.1.1 条预拌砂浆产品检验分型式检验、出厂检验和交货检验 9.1.3 预拌砂浆出厂前应进行出厂检验。出厂检验的取样试验工作应由供方承担 9.1.4 交货检验应按下列规定进行：供需双方应在合同规定的交货地点对湿拌砂浆质量进行检验。湿拌砂浆交货检验的取样试验工作应由需方承担。当需方不具备试验条件时，供需双方可协商双方认可的有检验资质的检验单位，并应在合同中予以明确 9.1.5 当判定预拌砂浆质量是否符合要求时，交货检验项目以交货检验结果为依据；其他检验项目按合同规定进行	—

续表

序号	材料名称	产品标准	检验分类	说明
5	钢筋	GB/T 1499.1—2017《钢筋混凝土用钢 第1部分：热轧光圆钢筋》 GB/T 1499.2—2018《钢筋混凝土用钢 第2部分：热轧带肋钢筋》	钢筋的检验分为特征值检验和交货检验。 1. 特征值检验适用于：a）供方对产品质量控制的检验；b）需方提出要求，经供需双方协商一致的检验；c）第三方产品认证及仲裁检验。 2. 交货检验适用于钢筋批的检验	钢筋分为特征值检验和交货检验两种

从表1.13中可以看出，除砖、砌块产品标准中检验分类为出厂检验和型式检验外，其他常用材料如水泥、预拌混凝土、预拌砂浆、钢筋等产品标准中均有交货检验的分类。

1.7.7.3 与砖、砌块产品相关的工程建设标准规定

与砖、砌块产品相关工程建设标准有GB 50300—2013《建筑工程施工质量验收统一标准》、GB 50574—2010《墙体材料应用统一技术规范》、GB 50203—2011《砌体结构工程施工质量验收规范》，其中对标准分类的要求汇总于表1.14。

表1.14 与砖、砌块产品标准相关的工程建设标准检验分类

序号	标准名称	具体规定	说明
1	GB 50300—2013《建筑工程施工质量验收统一标准》	3.0.3中第1款：建筑工程采用的主要材料、半成品、成品、建筑构配件、器具和设备应进行进场检验。凡涉及安全、节能、环境保护和主要使用功能的重要材料、产品，应按各专业工程施工规范、验收规范和设计文件等规范进行复验，并经监理工程师检查认可	强调了进场主要材料的复验
2	GB 50574—2010《墙体材料应用统一技术规范》	10.1.1试验分为研究性试验和检验性试验。 10.1.4中第1款："检验性试验可由一个检测单位完成，但对试验结果有争议的，应由另一个检测单位进行重复试验"	明确了研究性试验和检验性试验的区别。检验性试验原则上由一个检测单位进行，有争议时，应由另一个检测单位进行重复试验
3	GB 50203—2011《砌体结构工程施工质量验收规范》	5.2.1砖和砂浆的强度等级必须符合设计要求。检验方法：检查砖和砂浆试块试验报告。 6.2.1小砌块和芯柱混凝土、砌筑砂浆的强度等级必须符合设计要求。检验方法：检查小砌块和芯柱混凝土、砌筑砂浆试块试验报告	明确砖、砌块的强度等级应符合设计要求、检验方法是查看试验报告

1.7.7.4　建议

根据 GB/T 20001.10—2014《标准编写规则 第 10 部分：产品标准》中的 6.8.3 条规定："若标准中需要规定检验规则，应指出检验规则的适用范围，必要时应明确界定制造商或供应商（第一方）、用户或订货方（第二方）和合格评定机构（第三方）分别使用的检验类型、检验项目、组批规则和抽样方案以及判定规则等，其内容编写参见附录 A"。其附录 A 的 A.1 检验分类规定："根据行业和产品特点可选择下列一类或多类检验：——型式检验（例行检验）、定型检验（鉴定检验）、首件检验等；——出厂检验（常规检验、交收检验）、质量一致性检验等。

结合上述要求，建议砖、砌块产品标准中，除出厂检验和型式检验外，还可考虑交货检验或适用于合格评定机构（第三方）的检验类型。砖、砌块主要用于建筑工地，当砖、砌块运至工地后，需进行抽样复检，那么如何确定抽样比例、检验项目及样品数量，产品标准中并未明确，因此标准制定者需考虑建设单位、监理或施工单位对砖、砌块的交货验收和委托第三方检测机构检测的样品取样和判定的需求。经常遇到有些委托单位不知如何确定产品检验批，检测机构检测出不合格项目不好下结论的问题。若在产品标准的检验规则中明确交货检验或第三方检测判定规则，则能保证检测判定的合理性。

1.7.7.5　结语

1）砖、砌块产品标准检验分类主要有出厂检验和型式检验；

2）建议砖、砌块产品标准增加工地复验样品的检验规则，即交货检验或第三方检验的检验分类及判定规则。

该文已经发表于《砖瓦世界》杂志，具体信息如下：

宋素娟，丁百湛．对砖、砌块产品标准中检验分类的一点建议［J］．砖瓦世界，2019，172（04）：14＋38-39.

> 读书有三到，谓心到、眼到、口到。
>
> ——朱熹

1.7.8　不容忽视的国家标准修改单和工程建设标准局部修订

1.7.8.1　引言

根据 2018 年 1 月 1 日起实施的《中华人民共和国标准化法》第二十九条规定，国务院有关行政主管部门、县区市级以上地方人民政府标准化行政主管部门应当建立标准信息反馈和评估机制，根据反馈和评估情况对其制定的标准进行复审。标准的复审周期一般不超过五年[10]。经过复审，对不适应经济社会发展需要和技术进步的标准应当及时修订或者废止。标准复审一般由制定标准的部门组织技术委员会开展。五年有时对于一种产品可能显得周期太长，因而有些标准跟不上市场变化，这时就需要采用修改单形式或采用局部修订。

1.7.8.2 国家有关标准修改单和局部修订的有关规定

1. 国家有关标准修改单的有关规定

2010 年 6 月 8 日，国家标准化管理委员会以国标委综合〔2010〕29 号文发布了《国家标准修改单管理规定》。在这项规定中，明确当国家标准批准发布后，因个别技术内容影响标准使用需要进行修改，或者对原标准内容进行增减时，可以采用修改单方式修改国家标准；采用修改单方式修改国家标准时，每项国家标准修改次数一般不超过两次，每次修改内容一般不超过两项；国家标准修改单起草阶段的征求意见时间可以缩短为一个月；国家标准化管理委员会批准国家标准修改单，以公告形式发布，并在国家标准化管理委员会网站发布。

2. 工程建设标准局部修订的管理办法

1994 年 3 月 31 日，中华人民共和国建设部以建标〔1994〕219 号文发布关于印发《工程建设标准局部修订管理办法》的通知[11]。

该办法适用于工程建设国家标准、行业标准的局部修订。现行标准凡属下列情况之一时，应当及时进行局部修订：一、标准的部分规定已制约了科学技术新成果的推广运用。二、标准的部分规定经修订后，可取得明显的经济效益、社会效益、环境效益。三、标准的部分规定有明显缺陷或与相关的标准相抵触。四、根据工程建设的需要，而又可能对现行的标准做局部补充规定。

局部修订后的国家标准，由国务院工程建设行政主管部门批准并公告；局部修订后的行业标准由行业主管部门批准并公告。局部修订的条文及其条文说明应当在指定的刊物上发表，且条文说明应紧接在相应条文后编排，并采用框线标记。当标准再版时，应按经批准的局部修订的条文和条文说明排版印刷，并应加印局部修订公告和标记。在封面和扉页中的标准名称的下方，应加印“×××年版”的字样。

1.7.8.3 如何查找标准修改单或标准局部修订

1. 查找标准修改单

首先，进入全国标准信息公共服务平台网页，然后单击“国家标准公告”图标，就会发现公告标题中含有几项国家标准修改单公告的标题。例如 2019 年第 10 号公告标题为“关于批准公布《针叶树锯材》等 501 项国家标准和 6 项国家标准修改单的公告”。在其公告序号 502～507 号都是关于某项国家标准的修改单，如第 507 号为 GB/T 33721—2017 LED 灯具可靠性试验方法《第 1 号修改单》，其修改单实施日期为 2020 年 3 月 1 日。然后在国家标准全文公开系统网页首行“通知”栏目查找“关于公开××××年第×号中国国家标准公告中国家标准全文的通知”，可以找到相应的修改单内容。我们尝试着查了 2018 年第 15 号公告，则可以查到 GB 175—2007 通用硅酸盐水泥《第 3 号修改单》，当单击标准代号“GB 175—2007”时，会在备注栏目看到“标准文本附 1、2、3 号修改单”字样，然后单击“在线预览”，即可看到第 1、2、3 号修改单的内容。

2. 查找工程建设标准局部修订内容

工程建设标准局部修订的内容，首先在中华人民共和国住房和城乡建设部网站上查找。在其首页上部的标题栏中有“标准定额”栏目，单击查找“标准公告”，则会出现发布的国家标准、行业标准及其局部修订的公告。如查找 2019 年 8 月 27 日发布的“住房和城乡建设部关于国家标准《城市道路交通设施设计规范》局部修订的公告”，可以看到 2019 年 8 月 20 日住房城乡建设部的发文，查看其“附件下载”，可以看到该标准的局部修订条文。

查找工程建设标准局部修订的内容也可查阅www.risn.org.cn，即国家工程建设标准化信息网上“标准公告”栏目。例如我们可以在公告的第 1 页看到 2019 年9 月 2 日发布的“住房和城乡建设部关于国家标准《城市道路交通设施设计规范》局部修订的公告”，其局部修订自 2019 年 9 月 1 日起实施。局部修订条文及具体内容在住房城乡建设部门户网站：www.mohurd.gov.cn 公开，并将在近期出版的工程建设标准化杂志刊登”。显然，该网标准信息比住房城乡建设部网站公布的要慢一些。

因而，我们不管是查找新的国家标准修改单还是查找局部修订条文，都要关注其“标准公告”，通常国家标准，特别是产品标准，可在“全国标准信息公共服务平台”查找，而“工程建设标准局部修订”在住房城乡建设部官方网站查找更为方便及时。

3. 查找早已实施的标准修改情况

对于正在使用或早已实施的标准是否存在修改单或局部修订，我们该怎么办呢？通常，我们在“国家标准全文公开系统”或一些标准化信息网，如上海标准化服务信息网，输入要查找的标准代号，即可查找修改单内容，或局部修订公告的文号。

1.7.8.4　存在的问题

我们在查找某些标准修改单时，发现其公告有修改单，但实际在公开的标准全文中却看不到相应的标准内容，如 2018 年第 17 号标准公告“关于批准发布《农产品基本信息描述-谷物类》等国家标准和国家标准修改单的公告”，其中有 GB/T 21431—2015《建筑物防雷装置检测技术规范》（第 1 号修改单）的内容，可是查找标准全文发布系统，却看不到修改的内容。在上海标准化服务信息网上也看不到标准公告信息，建议相关网站能够完善相关内容。另外，国家标准 GB/T 4111—2013《混凝土砌块和砖试验方法》标准在发布后也曾做过修改，全国墙体材料屋面及道路用建筑材料标准化技术委员会于 2014 年 7 月 4 日发了一份说明：墙材标委会函〔2014〕20号“关于国家标准GB/T 4111—2013《混凝土砌块和砖试验方法》有关问题的说明”，对标准中公式（1）和公式（B.1）进行了修改，但在标准全文发布系统和上海标准化服务信息网也看不到修订信息，显示的公式依然没改正确。

1.7.8.5 结束语

检验检测机构应关注标准修改单和局部修订信息，特别是关注标准公告信息，及时采纳修订内容。因为无论是资质认定还是实验室认可，都强调使用现行有效标准。采用修改单或局部修订的方式修改的标准，其标准的年代号不变，只是版本号有变化，需引起足够的重视，才能保证检验检测的质量和技术能力。

该文已经发表于《砖瓦世界》杂志，具体信息如下：

宋素娟，丁百湛．不容忽视的标准修改单和局部修订［J］．砖瓦世界，2019（10）：34-35。

立身以立学为先，立学以读书为本。

——欧阳修

第2章

检验检测人员应具备的检测技能

2.1　应了解的法定计量单位

作为一名检测员，不仅要了解国际单位和基本单位，还要了解常用的我国法定计量学位。国际单位的基本单位有长度：米(m)，质量：千克(kg)，时间：秒(s)，电流：安培(A)，热力学温度：开尔文(K)，物质的量：摩尔(mol)，发光强度：坎德拉(cd)。我国法定计量单位包括国际单位和计量单位以及国家选定的其他计量单位。国际单位和计量单位包括 SI 单位和 SI 单位的倍数单位，而 SI 单位又分为 SI 基本单位和 SI 导出单位。我们常用的法定计量单位包括：时间：分(min)、时(h)、天(d)，旋转速度：转每分(r/min)，质量：吨(t)、克(g)、毫克(mg)，体积：立方米(m^3)、升(L、l)、毫升(mL、ml)，温度：摄氏度(℃)，力：牛顿(N)、千牛(kN)，压强：帕斯卡(Pa)、兆帕(MPa)，功率：瓦特(W)、千瓦(kW)，导热系数：瓦每米开尔文[W/(m·K)]。

注意，单位符号一般用正体小写字母书写，但以人名命名的单位符号，第一个字母必须正体大写，“升”的符号“l”可以用大写字母“L”表示。词头 h、da、d、c(即百、十、分、厘)一般只用于某些长度、面积、体积和已经习用的场合，如 cm、dB 等。同时表示倍数的词头，千(含)以下的用小写字母表示，如千(k)、百(h)、十(da)、分(d)、厘(c)、毫(m)，而兆(含)以上的则用大写字母表示，如兆(M)、吉(G)、太(T)、拍它(P)、艾克萨(E)、泽它(Z)、尧它(Y)。我们经常看到千牛写成 KN、兆帕写成 mPa，都是错误的，应予以避免。

2.2　有效数字与四则运算规则

通常，有效数字可以理解为一个数值中，从左边的第一个非零数字算起，直到最末一位数字为止的所有数字，例如 0.00160 从左的第一个非零数字“1”算起，到最后一位数字“0”为止，有 3 位有效数字，最右边的“0”不能随意取舍，其为有效数字。有效数字不同反映了测量的不确定度不同。例如量出某试件长度为 19.8mm，若记为 19.80mm，虽然只多了右边一个零，但测量结果 19.80mm 的不确定度要比 19.8mm 的要求高，也即 19.80mm 的精确度比 19.8mm 的要高。

在一些日常检测中，我们会用到四则运算，通常分为加减运算和乘除（或乘方、开方）运算。加减运算时，以小数点位数最少的数为准，其余的数多保留一位参加运算。

例如：12.3m＋1.4546m＋0.876m＝12.3＋1.45＋0.88＝14.63m≈14.6m

计算结果为 14.6m，若需参与下一步运算，则取 14.63m。

若进行乘除运算，则以有效数字位数最少的那个数为准，其余的数的有效数字均比它多保留一位。例如：1.10m×0.3268m×0.10300m＝1.10×0.3268×0.1030＝0.03703m^3≈0.0370m^3。

上式中，有效数字位数最少的是 1.10m，有 3 位有效数字。因而其余的数应保留 4 位有效数字参与运算，最终结果应保留 3 位有效数字。

注意：加减运算与乘除运算规则不同，加减与小数点位数最小的看齐，乘除则以有效数字位数最少的数为准，两者注意区别，不要混淆。

2.3 数值修约与极限值的比较

数值修约是我们检测人员最常遇到的数据处理问题，首先应明确修约间隙。修约间隙是指修约值的最小数值单位，数值的修约间隙为 0.5，那么最终修约值一定是 0.5 的整数倍，例如将数值 3.24 按 0.5 修约间隙修约得到修约值为 3.5，3.5 是 0.5 的 7 倍。

通常，修约规则可简化为“四舍六入五单双”，但按照现行标准 GB/T 8170—2008《数值修约规则与极限数值的表示与判定》，这只适用于拟舍弃数字的最左一位数为 5，且其后无数字或皆为 0 时的情况。若后边还有非 0 数字，则要进 1，这一点切记。

例如将 10.5002 修约到个位数得 11 而不是 10。

另外，极限值的概念也需掌握，它是指“标准（或技术规范）中规定考核以数量形式给出且符合该标准（或技术规范）要求的指标数值范围的界限值”。因而测定值在与极限值进行比较时，一定要明确极限值的范围。有时有的检测标准仅给出一个标准值而没有范围要求，检测人员则无所适从，不知对错，特别是测定值与极限值相同时，更是无法判断。假设极限值为 A，则测定值与极限值的比较无非 4 种情况，即“＞A，＜A，≥A，≤A”，在标准的技术要求中一定要表明是哪种情况，这样才能判断。

2.4　委托接样、合同评审时的注意点

实验室在接受委托检验时，第一道关就是接样，接样首先要做的是验样工作，观察其外观、尺寸、数量是否符合标准的要求，例如直条钢筋端面切割是否整齐，断面是否与轴线垂直，级别是否正确，都是观察的重点；其次要核对委托单，看客户填写的检测标准、检测参数是否在实验室资质认定证书的范围内，保证检测的合法性。若不在范围内，我们可以请委托人更换标准或推荐其他有能力的检测机构供其选择，同时明确检后样品的处置方法。

日常工作中，检测合同主要分为两类：一类是简单合同或称常规合同，即委托人送样时填写的委托单，另一类是重要合同即检测合同，包括含较多单位工程或检测内容较多的合同。通常检测合同由业务人员与建设单位代表签订，需要经过严格的合同评审才能履行。合同评审时应对客户要求的检测时间、检测项目和检测价格进行协商，通常合同评审应在签订合同前进行，重大合同需要实验室组织技术骨干进行方案论证后才能签订，避免违约。在合同执行过程中有时也需进行合同评审，对合同的偏离进行修正，以便更好地履行合同。在合同评审时，如单位有法务人员，应请其参与合同评审，保证合同的合法性。

2.5　样品制备和状态调节时的注意点

样品制备时，首先要熟读标准要求，不能按习惯做法。例如在进行碎石碱活性检验时，首先应采用岩相法检验碱活性集料的品种、类型和数量。当检验出集料中含有活性二氧化硅时，应采用快速砂浆棒法和砂浆长度法进行碱活性检验。当检验出集料中含有活性硫酸盐时，应采用岩石柱法进行碱活性检验，当实在分不清活性材料种类时，可以用两种方法分别做试验进行比较确定。

状态调节时，一定要保证样品在规定条件下存放足够时间，否则会影响检验结果。例如在做高强螺栓垫圈硬度检测时，GB/T 230.1—2018《金属材料 洛氏硬度试验 第 1 部分 试验方法》中规定试验一般在 10～35℃室温下进行，温度要求较宽，但同时标准中要求洛氏硬度试验应选择在较小的温度变化范围内进行。实践中也确实如此，某年夏天试验人员做垫圈样品硬度的检测，检测结果为合格，但对检测结果有质疑。于是将剩余样品拿到同城的另一家实验室检测进行比对，车程约半小时，在到达实验室后 15min 内即做试验，结果却为不合格，这就产生了差异。后将样品在该实验室放置 2h 后再做检测，结果与在原实验室检测的结果一致，这主要是因为在运输过程中样品所处环境温度较高，刚到另一家实

验室不久，样品的温度与实验室温度不一致，所以状态调节的时间一定要符合标准规定，否则对检测结果影响较大。

2.6 室内检测过程中的注意点

第一，应熟读检测方法标准，检测人员往往不仅检测一种产品，可能是一类产品，一类产品中可能有多种细分的产品。如建筑钢材，就可能涉及钢丝、钢筋、钢管、钢板、型钢等，而钢筋又可以分为热轧、冷轧、热处理等。相关的标准汇编可以有上千页之多，因而必须识别产品，用对方法标准和判断依据。第二，要调整、观察环境条件，以便满足标准规范的要求，符合的加以记录，有问题要找原因。第三，在检测设备开机前，要进行设备状态核查，比如万能试验机的量程选择，设备是否预热，电脑采集程序是否开启正常，设备是否调零，同时记录设备状态。试验过程中应做好安全防护，避免伤及检验员及他人。对于试验持续时间较长的试验过程，要留有人员值班，及时观察记录，如水泥凝结时间测试，通常上午开始试验冷凝时间有时需持续到中午或下午，午休时则要安排值班，因为冷凝测试临近时需每15min测定一次，如果没人值守则可能过了时间测不到结果。第四，检测时数据需及时记录，特别是一些未进行自动采集的数据，应该及时记录，不能之后靠回忆补记。第五，在检测工作结束后或在一段检测工作结束后，应做好及时清理和防护工作。例如钢筋拉伸后会在下夹头内积聚许多钢筋表皮碎屑，应及时清除干净，以免影响夹持性能，在水泥脱模后及时清理试模上的水泥残渣，擦拭干净后涂抹黄油和机油，按试模上每块钢板的钢印号安装复位，试模按层堆放整齐并把最后一个模具正面朝下放置，以免落入杂物。

2.7 现场检测过程中的注意点

现场检测相对于室内检测，环境更为复杂，供水供电、温度、风速等都不易保证。同时可能还有磁场、震动、噪声、粉尘、空气、水、污染物或烟雾的干扰，不仅影响检测人员的健康，还可能影响检测的数据结果。因而在出发之前，应做好标准规范、空白记录、检测设备和防护用品的准备。更重要的是，在接到外检任务时，需详细了解客户委托要求，收集客户资料。有的还要预先去现场查勘；做好合同评审记录而后签订检测协议。制订检测方案，安排检测人员，约定检测日期和检测联系人（指客户负责现场检测协调的人员）。在检测开始前，先做好检验检测区域的隔离，防止无关人员进入检验检测区域影响检测和对误入者的人身伤害，涉及现场抽样的要按标准规定进行抽样并标记。若客户提出不按标准抽样，则要由建设单位或监理单位指定检测对象或检测部位，并在原始记录上签字确认。在现场检测时，除非设备自动采集数据，一般情况下需要一名检测人员操作设备，另一名检测人员记录数据。记录前记录人员应回诵操作人员所报数据，以防止记录错误数据，检测结束时应由建设单位或监理人员在原始记录上签字，保证数据的真实性。结构检测时，需在构件上标注检测位置，以方便以后质监站或其他部门的核查。因而检测结束时应叮嘱建设单位或监理单位做好标记的保护。若采取了取芯等破坏性检测措施时，则要叮嘱施工单位或监理单位做好二次浇筑填充密实，以免影响今后的使用。

另外，现场检测时，安全防护尤其重要，要保证所有在场人员都佩戴安全帽，现场电梯井处要做好口部防护，需要拉闸限电的开关控制柜要安排人员把守，以防无关人员误操作。同时，当环境条件变化，如突遇下雨、大风等达不到检验检测的要求时，检测人员可以停止检测，对不能间断检测的数据应宣布无效，并与客户沟通待条件满足时再进行检测。

2.8　检测报告编制、审核和批准的注意点

检测报告的编制以检验检测原始记录为依据，以有关产品或技术规范为准则。检测报告在发出前应经过审核和批准。

编制检测报告时，应注意核对委托信息，不能张冠李戴。特别是工程名称，有的一份报告有许多楼号，须与委托单信息核对一致。另外，检测报告的信息来源于委托信息、任务单和原始记录，不能没有原始材料就编制报告。审核人需核对报告及原始记录，看其是否一致，若有错误，需及时修正。批准人应关注检验数据异常和检测结论为不符合的报告，对于有疑问的，应及时与审核人或检测人员沟通，核实情况后再签发。为了方便客户及时取到检测报告，建议检测机构每个检测项目的编制人、审核人和授权签字人都不能只有一人，以免相关人员不在岗位时影响报告发出。

检测报告通常包括三个方面的信息，即客户要求的信息、说明检测结果所必需的信息，以及所用方法要求的信息。因而，报告的信息一方面来自委托信息，另一方面来自实验室检测记录。客户信息包括：客户填写的建设单位、施工单位、工程名称、监理见证信息、产品项目参数以及所依据的检测标准。有时，客户要求使用已作废的产品标准或确定不了使用哪种检测方法，此时，报告签发人需格外小心，因为使用过期标准不能使用 CMA 标志。使用参考检测方法时，需经客户同意，检测报告一般不能出具结论，只提供检测数值或结果。

2.9 检测异常情况的处理

在检测过程中，有时会遇到异常情况，如设备断电、断水等。这时要停止试验，有的要将试样及时清理干净（如水泥成型试验），以免影响检测结果；有的则可以待来电后继续进行试验，如钢筋拉伸过程中突然停电，则可以这样处理。原则上正确处理的方法是保证不能影响最终的检测结果。这些情况应根据不同检测项目写进检测作业指导书中，以方便执行。还有就是当遇到检测结果异常时或处于临界值时，则要慎重对待。从"人、机、料、法、环、测"等可能影响检测结果的各种因素中进行分析，找到最根本的原因，对于临界值则可能要考虑测量结果的不确定度，可以参看 CNAS-TRL-010：2019《测量不确定度在符合性判定中的应用》，能够帮助我们正确地出具检测结果。

另外，还应识别危险源，排查出每项检测工作的危险源，做好相应的应急预案，如在做玻璃霰弹袋冲击试验时，应采取防止玻璃碎片飞溅的措施，如安装有软玻璃遮挡的防护架。在现场检测人防地下室防护设备时，带好手电或其他照明工具，检测时设置阻挡车辆出入的警示装置，以防车辆进出伤人。发生安全事故时，应第一时间采取急救措施，并向主管领导汇报，呼叫 120。安全监督员按规定进行相关监督检查。

2.10 报告的更改和解释

检测报告通常分为由检测软件出具的报告和 Word 版报告。由检测软件出具的报告通常不会出现数据错误，而 Word 版报告有时错误较多，因为新报告是在旧报告模板上修改的，有时委托信息和数据及结论有个别数据未能修改，则会造成报告错误。一旦错误报告发出，客户发现则可能形成报告更改。当更改、修订或重新发布已发出的报告时，应在报告中清晰标识修改的信息，适当时标注修改的原因。当有必要发布全新的报告时，应予以唯一性标识，并注明所代替的原报告编号，需要注意的是，发出的原报告建议收回，以防误用。

当要对报告发布意见和解释时，实验室应确保只有授权人员才能发布相关意见和解释。实验室应将意见和解释的依据制定成文件。通常意见与解释包括：结果是否符合某项产品，标准的意见，满足合同要求的判断，为何使用结果的建议，怎样用于改进的指导意见等。有些意见与解释比检验结论要复杂，不确定因素也多，它是客观结果与主观判断的结合，因此实验室要充分认识到它的风险性，建议实验室规定对哪些结果能够进行意见和解释。报告中的意见和解释应清晰地予以标注，不是检测结论，当以对话方式直接与客户沟通意见和解释时，应保存对话记录。

黑发不知勤学早，白首方悔读书迟。

——颜真卿

2.11 有关对检测标准及不确定度的理解论文选编

2.11.1 浅谈砌块和砖干燥收缩检测

2.11.1.1 前言

建筑用混凝土砌块和砖种类繁多，由于多数混凝土砌块和砖由普通硅酸盐水泥、砂、石等配制而成，因而其均有干燥收缩的共同特点。干燥收缩会引起墙体开裂，不但影响美观，还可能存在承载力下降等不良后果。因而测量干燥收缩性能成为检测混凝土砌块和砖质量的一项重要内容。

2.11.1.2 各种砌块干燥收缩指标及试验方法比较

各种砌块干燥收缩指标详见表2.1。

表2.1 不同砌块标准对干燥收缩的要求和试验方法

序号	标准名称	干燥收缩要求	试验方法标准
1	JG/T 407—2013《自保温混凝土复合砌块》	去除填插保温材料后，自保温砌块的干缩率不应大于0.065	GB/T 4111—2013《混凝土砌块和砖试验方法》
2	GB/T 8239—2014《普通混凝土小型砌块》	L类砌块的线性干燥收缩值应不大于0.45mm/m；N类砌块的线性干燥收缩值应不大于0.65mm/m	按GB/T 4111方法进行，长度小于290mm的砌块，测量线性干燥收缩值时手持应变仪标距为150mm
3	GB/T 15229—2011《轻集料混凝土小型空心砌块》	干燥收缩率应不大于0.065%	按GB/T 4111方法进行
4	GB 25779—2010《承重混凝土多孔砖》	线性干燥收缩率≤0.045%	按GB/T 4111方法进行，测定标距为150mm
5	GB/T 24493—2009《装饰混凝土砖》	线性干燥收缩率≤0.045%	按GB/T 4111方法进行，测定标距为150mm

续表

序号	标准名称	干燥收缩要求	试验方法标准
6	GB/T 24492—2009《非承重混凝土空心砖》	线性干燥收缩率应不大于0.065%	按GB/T 4111方法进行，测定标距为150mm，测头应粘贴在条面上
7	GB/T 21144—2007《混凝土实心砖》	线性干燥收缩率应不大于0.050%	按GB/T4111方法进行，测定标距为150mm，测头应粘贴在条面上
8	GB/T 26541—2011《蒸压粉煤灰多孔砖》	线性干燥收缩率值应不大于0.50mm/m	按GB/T 4111方法进行，标距为150mm
9	GB/T 11968—2006《蒸压加气混凝土砌块》	标准法干燥收缩值≤0.50mm/m 快速法干燥收缩值≤0.80mm/m	按GB/T 11972—1997进行检测（GB/T 11972—1997已改为GB/T 11969—2008）
10	GB/T 15762—2008《蒸压加气混凝土板》	标准法干燥收缩值≤50mm/m 快速法干燥收缩值≤80mm/m	按GB/T 11969规定的方法进行
11	GB/T 29062—2012《蒸压泡沫混凝土砖和砌块》	干燥收缩值≤0.40mm/m	按GB/T 2542—2003规定的试验方法进行（GB/T 2542—2003已更新为GB/T 2542—2012）
12	JC/T 637—2009《蒸压灰砂多孔砖》	干燥收缩率应不大于0.050%	按GB/T 2542的规定进行

从表2.1中可以看出，使用GB/T 4111中的检测方法检测序号1～8这8种产品的干缩值，其干燥收缩率限值在0.045%～0.065%[12]。使用GB/T 11969（GB/T 11972）检测方法的产品有蒸压加气混凝土砌块和蒸压加气混凝土板两种产品，其收缩率要求均一样。使用GB/T 2542测定干燥收缩值的有蒸压泡沫混凝土砖和砌块、蒸压灰砂多孔砖两种产品。其干燥收缩性能指标均优于使用GB/T 4111检测的砌块和砖。GB/T 11969和GB/T 2542均使用立式收缩仪，与GB/T 4111方法使用的手持式应变仪不同。

2.11.1.3 混凝土实心砖干燥收缩试验分析

混凝土实心砖按抗压强度分为MU40、MU35、MU30、MU25、MU20和MU15共6个等级，其干燥收缩率要求均≤0.050%，其干燥收缩率测量方法按GB/T 4111进行。其干燥收缩率试验的测量标距为150mm。

在砖试件的任一条面上画出中心线，用手持式应变仪配备的标距定位器，在中心线上确定测长头安装插孔的位置。砌块试件的测量标距为20～250mm，砖试件的测量标距为20～150mm。如图2.1所示，上侧为固定长度150mm的标距定位器，下侧为可微调的标距定位器，以便安装的测长头标距控制在148～150mm之间。

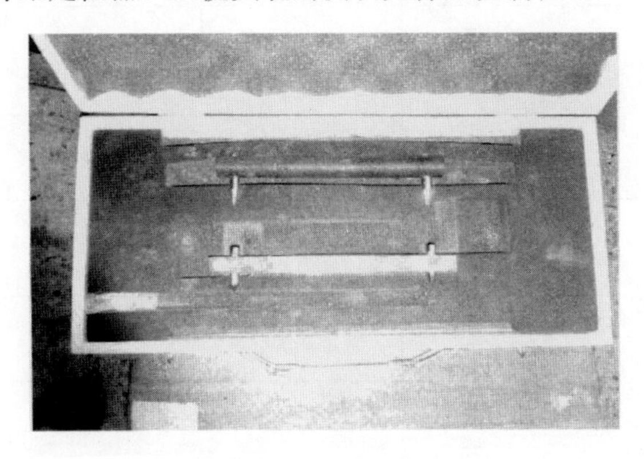

图2.1 标距定位器

测长头用环氧树脂固定在插孔内，试件数量为1组3个，试验主要过程如下：(1) 将测长头连接牢固的试件浸水养护4d[控制室温在(15～25)℃，水面高出试件20mm以上]，在测试前4h将水温保持在(20±3)℃。实际检测过程中，水温控制在(20±2)℃。(2)将试件从水中取出，放在铁丝网架上滴水1min，用拧干的湿布拭去内外表面水分，立即用手持应变仪测量两个测头之间的长度L，记录初始千分表读数M_1，精确至0.001mm。手持应变仪在测长前需用标准杆调整或校核，并记录千分表原点读数M_0，一般宜取千分表量程的一半，要求每组试件在15min内测完。(3)放在(20±5)℃，相对湿度大于80%的空气中存放2d，之后放入温度(50±1)℃、相对湿度(17±2)%的恒温恒湿箱内或电热鼓风干燥箱内，相对湿度用放在浅盘中的氯化钙过饱和溶液控制。整个测试过程中，在盘子或托盘内应含有充足的固体氯化钙，从而使晶体露出溶液表面。氯化钙溶液每24h至少彻底搅拌一次，以防止氯化钙溶液形成块状或者表面生成渣壳。在此箱内放置3d，然后在(20±3)℃条件下冷却3h取出，测量记录千分表读数M_2。(4) 将试件进行第二周期的干燥。第二周期的干燥及以后各周期的干燥延续时间均为2d，干燥结束后再按规定冷却和测长。为了保证干燥的均匀一致性，每一次测量时，在干燥箱内的每一个试件都要被轮换到不同位置，反复进行干燥和测长，直到试件长度达到稳定。长度达到稳定是指试件在上述温、湿度条件下连续三个周期后，三个试件长度变化的平均值不超过0.005mm。此时长度即为干燥后的长度，记录测量时千分表的读数为M。块材的干燥收缩值以三个试件的算术平均值表示，精确至0.01mm/m。我们在表2.2中列举了一组混凝土实心砖干缩试验的数据。

表 2.2　MU15 混凝土实心砖干燥收缩试验实例

序号	标准杆长度 L_0（mm）	千分表原点 M_0（mm）	试件初始长度千分表读数 M_1（mm）	试件第一周期干燥后长度（mm）			试件第二周期干燥后长度（mm）			试件第三周期干燥后长度（mm）			试件第四周期干燥后长度（mm）			干燥收缩率 S（%）	
				千分表读数 M_2	收缩值		千分表读数 M_3	收缩值		千分表读数 M_4	收缩值		千分表读数 M_5	收缩值		单个值	平均值
					单个值	平均值		单个值	平均值		单个值	平均值		单个值	平均值		
1	150	0.963	0.735	0.690	0.045	0.038	0.676	0.014	0.011	0.670	0.006	0.008	0.666	0.004	0.003（<0.005停止试验）	0.046	0.040
2			0.702	0.672	0.030		0.663	0.009		0.655	0.008		0.654	0.001		0.032	
3			0.693	0.653	0.040		0.642	0.011		0.633	0.009		0.630	0.003		0.042	
公式计算	$S=\frac{M_1-M}{L_0+M-M_0}\times 100$　备注：第一周期收缩值：M_1-M_2；第 i 周期收缩值：M_i-M_{i+1}																

从表 2.2 可以看出，千分表读数 M_0，不是取千分表量程的一半，而是接近千分表量程，因为砖在养护期间是逐渐收缩的，数值在不断变小。另外三个试件在连续干燥三个周期后长度变化的平均值不超过 0.005mm。因而建议每一周期干燥后千分表读数记为 M_i，$i=2$，3，…，n。公式中 M 取为连续干燥三个周期后测得达到稳定的千分表读数 M_i，收缩稳定时 i 显然应该≥4，这样表达更明确。

2.11.1.4 三点建议

（1）通过比较 JG/T 407—2013《自保温混凝土复合砌块》的自保温砌块干缩率和 JG/T 323—2014《自保温混凝土复合砌块墙体应用技术规程》中的干缩率数值，发现 JG/T 407—2013 中的“干缩率要求应大于 0.065”有误，应该为 0.065%，建议修正。

（2）通过比较许多砖和砌块的产品标准，发现其干燥收缩性能有的用干燥收缩率表示，有的用干燥收缩值表示，其实两种没有什么本质不同，干燥收缩率 0.065% 与干燥收缩值 0.65mm/m 的含义是等同的，建议能够统一用一种方法表达。

（3）通过比较发现 GB/T 2542—2012《砌墙砖试验方法》和 GB/T 4111—2013《混凝土和砖试验方法》中干燥收缩值计算公式略有不同。分子都是收缩变化量，分母则不同，在 GB/T 2542—2012 中分母为 $L_0+L_1-2L-M_0$[13]，在 GB/T 4111—2013 中分母为 L_0+M-M_0。其含义一个是试件初始时计算长度，另一个是试件干燥后计算长度。经分析 GB/T 2542—2012 中规定更为合理，以初始长度为计算收缩的基数。建议修改 GB/T 4111—2013 中干燥收缩值计算公式。

2.11.1.5 结语

（1）砌块和砖均有干燥收缩指标，其结果影响墙体的性质。

（2）进行干燥收缩试验有 3 种方法，常用为 GB/T 4111 中的方法。

（3）建议统一各类砌块和砖产品标准干燥收缩性能指标，都以干燥收缩率来表达。

该文已经发表于《砖瓦世界》杂志，具体信息如下：

丁百湛，程海军，缪资．浅谈砌块和砖干燥收缩检测[J]．砖瓦世界，2015(6)：43-45.

> 书犹药也，善读之可以医愚。
>
> ——刘向

2.11.2 对《普通混凝土小型空心砌块》国家标准的一点建议

2.11.2.1 标准规定

GB 8239—1997 第 6.2 条对外观质量中的缺棱、掉角的要求见表 2.3。

表 2.3 国家标准对缺棱、掉角的要求

项目	优等品（A）	一等品（B）	合格品（C）
个数（个），不多于	0	2	2
三个方向投影尺寸的最小值（mm），不大于	0	20	30

表 2.3 对缺棱、掉角个数的要求容易理解，缺棱、掉角越少越好；而对缺棱、掉角的投影尺寸的要求却不易理解。根据 GB 5348《砖和砌块名词术语》中定义，“缺棱”是指砖或砌块棱边缺损的现象，而“掉角”则是指砖或砌块的角破损、脱落现象。GB/T 4111—1997《混凝土小型空心砌块试验方法》第 2.3.2 条规定，缺棱、掉角检查是将直尺贴靠棱边，测量缺棱、掉角在长、宽、高 3 个方向的投影尺寸，精确至 1mm；第 2.4.2 条规定，缺棱、掉角的测量结果以最大测量值表示。

2.11.2.2 问题分析

从以上标准描述中，我们可以看出每一个缺棱或掉角在具体测试中都有 3 个具体数值，即长、宽、高 3 个方向的投影尺寸。若检测一块砌块有 2 处掉角，其中一个掉角 3 个方向投影尺寸分别为：长度方向 25mm，宽度方向 20mm，高度方向 15mm，另一个掉角 3 个方向投影尺寸分别为：长度方向 30mm，宽度方向 25mm，高度方向 20mm。按 GB 8239—1997 第 6.2 条规定，这 2 个掉角的 3 个方向投影尺寸的最小值均不大于 20mm，都满足一等品的要求。换言之，不管 3 个方向投影尺寸中另 2 个数值有多大，即使达到 2 个方向的边长，只要其中有一个方向投影尺寸未超过标准中规定的数值，均可判为符合相应等级。笔者认为该规定不合适，会把不合格的产品或者达不到相应等级要求的产品判为合格，应该加以改进。

2.11.2.3 建议

参照一些砌块标准，提出以下建议，供大家商讨。

（1）参照 GB/T 11968《蒸压加气混凝土砌块》，对普通混凝土小型空心砌块 3 个方向投影尺寸的最大值及最小值均作出限定。

（2）参照 JC/T 641《装饰混凝土砌块》，对普通混凝土小型空心砌块 3 个方向投影尺寸占各方向边长的百分率作出限定。

（3）GB 15229—1994《轻集料混凝土小型空心砌块》已列入修订计划，其中对缺棱、掉角的要求与 GB 8239—1997 一样，建议能够进行修订。

该文已经发表于《新型建筑材料》杂志，具体信息如下：

丁百湛．对《普通混凝土小型空心砌块》国家标准的一点建议［J］．新型建筑材料，2001（3）：45-45.

根据现行标准 GB/T 8239—2014《普通混凝土小型砌块》，已将旧标准中缺棱、掉角的项目名称由“三个方向投影尺寸的最小值”改为“三个方向投影尺寸的最大值”，证明该文建议是有用的。一部标准就像已拍好的电影，在完成后会感觉有您不满意的地方。人们说“电影是遗憾的艺术”。标准在执行过程中会发现有一些需要完善或补充的地方，因而我们需要开动脑筋，提出意见或建议，以便标准编制者在修订时考虑。

立志宜思真品格，读书须尽苦功夫。

——阮元

2.11.3　对 GB/T 19766—2005《天然大理石建筑板材》的一点建议

2.11.3.1　前言

GB/T 19766—2005《天然大理石建筑板材》是于 2005 年 5 月 18 日发布，2005 年 12 月 1 日正式实施的国家标准。主要适用于建筑装饰用天然大理石板材。其他用途的天然大理石板材也可参照采用。在具体执行该标准时，检测人员发现其中吸水率指标试验不太好操作，在此提出。不妥之处，敬请指正。

2.11.3.2　存在问题

（1）在 GB/T 19766—2005 中第 6.5.4 条规定体积密度、吸水率按 GB/T 9966.3—2001 的规定检验，但在 GB/T 9966.3－2001《天然饰面石材试验方法　第 3 部分：体积密度、真密度、真气孔率、吸水率试验方法》中第 3.1 条规定吸水率试样为边长 50mm 的正方体或直径、密度均为 50mm 的圆柱体，尺寸偏差 ±0.5mm，每组 5 块。显然，一般大理石板材用于装饰时其多数板材厚度都小于 50mm，因而很难按此要求制样。

（2）在 GB/T 9966.3—2001 中吸水率试验仅有一种方法，即将烘至恒重的试样在（20±2）℃的蒸馏水中浸泡 48h 后称重（简称为浸泡法）。

2.11.3.3　实践改进

（1）我们针对问题 1，参照 GB/T 3810.3《陶瓷砖试验方法　第 3 部分：吸水率、显气孔率、表观相对密度和容重的测定》中的方法，如每块大理石的表面积小于 0.16m² 时，则取 5 块整样作测试，如每块试样表面积大于 0.16m² 时，则至少从 3 块完整试样的中间部位切割最小边长为 100mm 的 5 块试样，试样厚度取样品厚度，不需加工。

（2）我们参照 GB/T 3810.3，用真空法测量吸水率与用 GB/T 9966.3—2001 中方法结果基本一致，其结果见表 2.4。但试验时间将大大缩短，该烘干恒重的试样放入真空箱中试验只需要 45min，整个试验时间至少要缩短 40h，有实际意义。而且从标准规定来讲，大理石的吸水率指标规定为≤0.50%，而与瓷质砖的吸水率标准要求一致，我们认为可以采用此方法。

表 2.4　浸泡法与真空法吸水率试验比较

序号	实验依据	试验方法	试件尺寸（mm）	试验时间	吸水率试验结果
1	GB/T 9966.3—2001	浸泡法	100×100×20	烘干恒重后浸泡 48h	0.32%
2	GB/T 3810.3—1999	真空法	100×100×20	烘干恒重后真空试验 30min，浸泡 15min	0.32%

2.11.3.4　建议

（1）在 GB/T 19766—2005 中第 6.5.4 条明确试样数量和尺寸要求，不能只是简单套用 GB/T 9966.3—2001。

（2）在 GB/T 9966.3—2001 中吸水率试验增加真空法试验方法。

（3）在 GB/T 18601—2001《天然花岗石建筑板材》中第 6.8 条中亦明确试样数量和尺寸要求。

该文已经发表于《砖瓦》杂志，具体信息如下：

丁百湛，季柳红，朱韵．对 GB/T 19766—2005《天然大理石建筑板材》的一点建议[J]. 砖瓦，2006(12)：61.

根据现行标准 GB/T 19766—2016《天然大理石建筑板材》中第 7.3.2 条，明确了在无法满足 GB/T 9966.3 的规定的试样尺寸时，应从板材产品上自取 50mm×50mm×板材厚度的试样；同样地，在现行标准 GB/T 18601—2009《天然花岗石建筑板材》的第 6.4.1 条，也明确了同样的要求。说明该文中提出的建议，得到了标准制定者的采纳。

非淡泊无以明志，非宁静无以致远。

——诸葛亮

2.11.4　建筑砂浆的拉伸粘结强度试验比较

新的 JGJ/T70—2009《建筑砂浆基本性能试验方法标准》从 2009 年 6 月 1 日起已正式实施，相对于旧标准 JGJ 70—1990《建筑砂浆基本性能试验方法》而言，新标准增加了保水性试验、拉伸粘结强度试验、含气量试验、吸水率试验和抗渗性能试验等 5 项试验方法。本文主要探讨其中的拉伸粘结强度试验。

2.11.4.1　建筑砂浆现状

建筑砂浆是指由水泥基胶凝材料、细集料、水以及根据性能确定的其他组分按适当比例配合拌制并经硬化而成的工程材料，可分为施工现场拌制的砂浆和由专业生产厂生产的预拌砂浆。随着建筑、建材领域的发展，预拌砂浆由于其具有节约资源、保护环境、确保建筑工程质量、实现资源再利用等方面的优良性能，已逐渐被人们认知和重视。2009 年统计数据显示，全国 2 万 t 规模以上的预拌砂浆生产企业 196 家，设计能力 2177.1 万 t，实际产量为 640.06 万 t，预拌砂浆罐车 252 辆，移动筒仓 646 个。从 2009 年 7 月 1 日起，全国 127 个城市禁止现场预拌砂浆，要求使用预拌砂浆，而在现行国家标准 GB/T 25181—2010《预拌砂浆》中对抹灰砂浆、防水砂浆等提出了拉伸粘结强度的性能要求，因而在 JGJ/T 70—2009 中增加了砂浆拉伸粘结强度的试验方法。

2.11.4.2　拉伸粘结强度试验方法比较

由于砂浆是与基层共同构成一个整体，如抹灰砂浆与墙体材料粘结在一起构成一面墙，地面砂浆与楼板等粘结在一起构成一层地坪，有的砂浆直接以粘结为使用目的，如砌筑砂浆是将各种砖、砌块等粘结成一个整体等，因而粘结强度是砂浆的一个非常重要的性能。粘结强度检测通常分为压剪粘结强度和拉伸粘结强度，如在 JC 890—2001《蒸压加气混凝土用砌筑砂浆与抹面砂浆》中要求做的粘结强度检测就是压剪粘结强度，而在 GB/T 25181—2010《预拌砂浆》中做的则是拉伸粘结强度，这里我们仅讨论拉伸粘结强度试验。在 GB/T 25181—2010 中无论是湿拌砂浆还是干混砂浆，对于其中用于抹面的抹灰砂浆和用于防水工程的防水砂浆都要求做拉伸粘结强度试验。在 GB/T 25181—2010 标准中，对砂浆拉伸粘结强度试验方法做了详尽描述，现将 GB/T 25181—2010 和 JGJ/T 70—2009 中关于拉伸粘结强度试验方法列表对比，详见表 2.5。

表 2.5　拉伸粘结强度试验方法比较

序号	比较内容	GB/T 25181—2010	JGJ/T 70—2009	备注
1	执行时间	2011 年 8 月 1 日	2009 年 6 月 1 日	—
2	适用对象	专业生产厂生产的用于建筑及市政工程的砌筑、抹灰、地面等工程及其他用途的水泥基预拌砂浆	建筑砂浆中的现场拌制砂浆和干混砂浆	JGJ/T 70—2009 对现场拌制砂浆也适用
3	试验条件	湿拌砂浆按 JGJ/T 70 有关规定进行，干混砂浆不同指标按不同方法进行	温度 20℃±5℃ 湿度 45%～75%	JGJ/T 70—2009 试验条件适当放宽，与砂浆其他性能试验条件一致，同时也满足粘结砂浆强度本身的特性
4	主要仪器设备	① 拉力试验机：精度 1%，最小示值 1N； ② 拉伸专用夹具：符合 JG/T3049《建筑室内用腻子》要求； ③ 成型框：外框 70mm × 70mm，内框 40mm × 40mm，厚度 6mm，材料为硬聚氯乙烯或金属； ④ 钢制垫板：外框 70mm× 70mm，内框 43mm × 43mm，厚度 3mm	设备与 JG/T 230—2007 的要求相同	—

续表

序号	比较内容	GB/T 25181—2010	JGJ/T 70—2009	备注
5	基底试块制备	① 水泥：42.5级水泥； ② 砂：中砂； ③ 水：饮用水；水泥∶砂∶水＝1∶3∶0.5；在70mm×70mm×20mm的模具中振动成型，成型24h后脱模，放入水中养护6d，再在试验条件下放置21d以上，试验前用200＃砂纸将试块成型面磨平	基本与JG/T 230—2007的方法一致，只是在成型时增加了人工插捣和人工颠实的方法，磨平还可以用磨石	—
6	试件的制备	样品应在试验条件下放置24h以上，而后加水搅拌3min，砂浆稠度需满足相应要求，如干混抹灰砂浆为90～100mm，普通防水砂浆为70～80mm。将成型框放在制备好的砂浆试块的成型面上，倒入试样，用捣棒均匀插捣15次，人工颠实5次，再转90°，人工颠实5次，然后用刮刀以45°方向抹平砂浆表面，轻轻脱模，在温度23℃±2℃、相对湿度60％～80％条件下养护到规定龄期。至少制备10个试件	基本与JG/T 230—2007相同，主要区别有： ① 搅拌时先加料启动机器后再徐徐加入规定量的水，顺序刚好相反； ② 养护温度为20℃±2℃	—
7	拉伸试验	① 第13d时，在试件表面以及上夹具表面涂上高强度环氧树脂黏合剂，然后将上夹具对正位置放在黏合剂上，并确保上夹具不歪斜，继续养护24h。将钢制垫片套入基底水泥砂浆试块上，将拉伸模具安装到试验机上，夹具与试验机的连接宜采用球铰活动链接，以（5±1）mm/min速度加荷至试件破坏，记录试件破坏时的载荷值。若破坏型式为拉伸夹具与黏合剂破坏，则试验结果无效。 ② 单个试件的拉伸粘结强度结果精确至0.001MPa，计算10个试件的平均值，若单个值与平均值之差超过20％，则逐次剔除偏差最大的试验值，直至各试验值与平均值之差不超过20％，若剩余数据不小于6个，则结果以剩余数据的平均值表示，精确至0.01MPa；如少于6个，则本次试验结果无效，应重新制备试件进行试验	基本与JG/T 230—2007的方法一致，主要区别有： ① 单个拉伸值保留小数点位数没有要求。 ② 对于有特殊条件要求的拉伸粘结强度，应先按照特殊要求条件处理后，再进行试验，特殊要求是指测试砂浆耐水、耐热、耐碱、耐冻融等拉伸粘结强度。 ③ 由于普通砂浆的保水性及粘结强度较低，所以用普通砂浆制作基底水泥砂浆块应先在水中浸泡24h，并提前5～10min取出，用湿布擦拭其表面，以保证粘结强度	—

从表2.5比较可以看出，JG/T 230—2007和JGJ/T 70—2009对拉伸粘结强度试验方法的规定大体上一致，主要区别在于试验条件，如温度、湿度有些不同。JGJ/T 70—2009对试件的制备、数据处理等做了一些改进，使之更适用。

但就目前情况而言，涉及拉伸粘结强度试验的砂浆主要是用于外墙外保温系统抹面砂浆、抗裂砂浆、胶粘剂及界面砂浆，而这些材料分别采用不同的方法标准进行拉伸粘结强度试验，与上述两个标准均有所区别，现将其方法进行比较，见表2.6。

表2.6　用于保温的砂浆拉伸粘结强度试验方法

JG 149—2003《膨胀聚苯板薄抹灰外墙外保温系统》	JG 158—2004《胶粉聚苯颗粒外墙外保温系统》	JGJ 144《外墙外保温工程技术规程》
胶粘剂：要求检测与水泥砂浆和膨胀聚苯板粘结的拉伸粘结强度，包括原强度和耐水强度。做法：每组试件6个，每个试件由一块40mm×40mm×10mm的水泥砂浆试块和一块70mm×70mm×20mm水泥砂浆试块或膨胀聚苯板试块粘结而成，胶粘剂厚度为3.0mm，具体做法按JG/T 3049—1998《建筑室内用腻子》进行，养护期满后进行拉伸粘结强度测定，拉伸速度为（5±1）mm/min。记录每个试样的测试结果及破坏界面，并取4个中间值计算算术平均值	界面砂浆：要求检测压剪粘结强度，具体做法按JC/T 547—1994《陶瓷墙地砖胶粘剂》中的规定进行	抹面砂浆：具有薄抹面层的外保温系统，抹面层与保温层的拉伸粘结强度不得小于0.1MPa。检测方法详见附录A第A.8节。EPS板尺寸：100mm×100mm×50mm，试件数量为5个
抹面胶浆：要求检测与膨胀聚苯板粘结的拉伸粘结强度，具体做法与胶粘剂的相同，需进行原强度、耐水强度和耐冻融试验，抹面胶浆厚度为3mm	胶粉料：要求检测拉伸粘结强度和浸水拉伸粘结强度，具体做法按JG/T 24—2000《合成树脂乳液砂壁状建筑涂料》中的规定进行	胶粘剂：要求检测干燥状态和浸水48h的拉伸粘结强度，检测方法详见附录A第A.8节，水泥砂浆底板尺寸为80mm×40mm×40mm，胶粘剂厚度为3.0mm，EPS板尺寸为100mm×100mm×50mm，试件数量均为5个。实测胶粘剂时，水泥砂浆底板尺寸为70mm×70mm×20mm，而不是80mm×40mm×40mm

续表

JG 149—2003《膨胀聚苯板薄抹灰外墙外保温系统》	JG 158—2004《胶粉聚苯颗粒外墙外保温系统》	JGJ 144《外墙外保温工程技术规程》
—	抗裂砂浆：要求检测拉伸粘结强度和浸水拉伸粘结强度，具体做法按 JG/T 24—2000 中的规定进行。在 10 个 70mm×70mm×20mm 的水泥砂浆试块上，按规定成型，试块用聚乙烯薄膜覆盖，在实验室温度条件下养护 7d，取出在实验室标准条件下继续养护 20d，用双组分环氧树脂或其他高强度粘结剂粘结钢质上夹具，放置 24h，5 个试件测原强度，5 个试件测浸水强度	抗裂砂浆、界面砂浆：要求检测干燥状态和浸水 48h 后大于等于 0.10MPa，破坏界面应位于 EPS 板或胶粉 EPS 颗粒保温浆料，检测方法详见附录 A 第 A.8 节，胶粉 EPS 颗粒保温浆料板尺寸：100mm×100mm×50mm，抗裂砂浆厚度为 3.0mm，每种试验状态下试件数量均为 5 个

将胶粘剂试件按照 JG 149—2003《膨胀聚苯板薄抹灰外墙外保温系统》和 JGJ/T 70—2009 方法成型养护，龄期为 14d，其试验结果见表 2.7。

表 2.7　3mm 厚砂浆与 6mm 厚砂浆拉伸粘结强度结果比较

序号	试验方法	龄期	单个值						平均值(MPa)	备注
1	按 JG 149—2003 方法成型 10 块试件，胶粘剂层厚为 3mm	14d	F(N)	1872	1596	1331	1534	1997	1.01	数值取舍规则按 JGJ/T 70—2009 进行
			f_{at}(MPa)	1.17	1.00	0.83	0.96	1.25		
			F(N)	1870	1696	1450	1520	1660		
			f_{at}(MPa)	1.17	1.06	0.91	0.95	1.04		
2	按 JGJ/T 70—2009 方法成型 10 块试件，胶粘剂层厚为 6mm	14d	F(N)	1514	1800	1986	1750	2156	1.08	
			f_{at}(MPa)	0.95	1.12	1.24	1.09	1.35		
			F(N)	1620	1928	1830	1510	1680		
			f_{at}(MPa)	1.01	1.20	1.14	0.94	1.05		

从表 2.7 可以看出，按 JGJ/T 70—2009 方法成型试件和按 JG 149—2003 成型试件，其试验结果差别不大，但按 JGJ/T 70—2009 方法成型，出现试验结果无效的情况大为降低，基本拉伸破坏都在砂浆层中，而不是在界面破坏，而且成型工序减少了粘预制砂浆板，节省了试验时间，提高了工作效率。另外，龄期统一为 14d，比 28d 龄期缩短一半，更便于生产控制。

建筑砂浆拉伸粘结强度是一项新的砂浆性能要求，还未引起生产单位、建设单位和检测机构重视。上海市沪建安质监〔2009〕第 071 号《关于 2009 年全市预拌混凝土、商品砂浆质量专项检查情况的通报》指出，砂浆厂出厂的产品出厂指标不全，未执行 JG/T 230—2007 标准，缺少保水性、拉伸粘结强度项目检测。从我们检测的一些抹面抗裂砂浆、界面砂浆的出厂包装袋上可以看出，有些厂家根本没有产品标准，造成一定混乱，因而有必要明确砂浆拉伸粘结强度检验方法。

2.11.4.3　结语

（1）砂浆拉伸粘结强度是一项新的检测指标，需引起重视。

（2）拉伸粘结强度试验方法多样，需进行规范统一。

该文已经发表于《墙材革新与建筑节能》杂志，具体信息如下：

丁百湛，洪佳逸，郭其清．建筑砂浆的拉伸粘结强度试验比较［J］．墙材革新与建筑节能，2009（12）：48-50.

现行预拌砂浆标准为 GB/T 25181—2010，其中的拉伸粘结强度均指定使用 JGJ/T 70—2009 中规定的方法。

新修订的预拌砂浆标准为 GB/T 25181—2019，将于 2020 年 7 月 1 日实施。

勿以恶小而为之，勿以善小而不为。

——刘备

2.11.5　混凝土制品相关标准试析

2.11.5.1　前言

从 2007 年至今，国家质量监督检验检疫总局陆续发布了 GB/T 21144—2007《混凝土实心砖》、GB/T 24492—2009《非承重混凝土空心砖》、GB/T 25779—2010《承重混凝土多孔砖》三项混凝土制品标准，为适用于不同结构墙体的混凝土制品的发展和推动非烧结制品的应用起到了促进作用。

2.11.5.2　三个标准的主要技术性能

三个标准的主要技术性能比较见表 2.8。

表 2.8　三个标准主要技术性能比较

对比内容	GB/T 21144—2007《混凝土实心砖》	GB/T 25779—2010《承重混凝土多孔砖》	GB/T 24492—2009《非承重混凝土空心砖》
适用范围	建筑物、构筑物用砖	承重结构用砖	非承重结构部位用砖
密度等级（kg/m^3）	分为 A、B、C 三级（A 级要求强度等级最高）	无要求	分为八个密度等级：600～1400
强度等级	分为六个等级：MU15～MU40	分为三个等级：MU15、MU20、MU25	分为三个等级：MU5、MU7.5、MU10

续表

对比内容	GB/T 21144—2007《混凝土实心砖》	GB/T 25779—2010《承重混凝土多孔砖》	GB/T 24492—2009《非承重混凝土空心砖》
最大吸水率(%)	分为三级：≤11、≤13、≤17	≤12	无要求
干燥收缩率(%)	≤0.050	≤0.045	≤0.065
相对含水率(%)	分为三级：≤40、≤35、≤30	分为三级：≤40、≤35、≤30	分为三级：≤40、≤35、≤30
抗冻性	分为四级：F15、F25、F35、F50	分为四级：D15、D25、D35、D40	分为四级：D15、D25、D35、D40
碳化系数	≥0.80	≥0.85	≥0.80
软化系数	≥0.80	≥0.85	≥0.75
放射性	无要求	符合 GB 6566《建筑材料放射性核素限量》的规定	符合 GB 6566《建筑材料放射性核素限量》的规定

从表 2.8 可以看出，三个标准适用于不同建筑部位用砖的要求，相对含水率和抗冻性两项性能要求三者一致，其余七项性能均有不同程度的技术要求。检测人员不能混淆，避免误判。

2.11.5.3 三个标准检测方法的区别

三个标准中，主要性能的试验方法略有不同，不能混用，详见表 2.9。

表 2.9 混凝土类砖三个标准试验方法的比较

检测项目	GB/T 21144—2007《混凝土实心砖》	GB/T 25779—2010《承重混凝土多孔砖》	GB/T 24492—2009《非承重混凝土空心砖》
密度	按 GB/T 4111—1997《混凝土小型空心砌块试验方法》进行。试件数量：3 块	—	按 GB/T 4111—1997《混凝土小型空心砌块试验方法》进行。试件数量：5 块
强度	按 GB/T 21144—2007 附录 A 进行。粘结材料：水泥净浆。制备方法： 1）40mm≤h＜90mm 时，两半截砖叠放坐浆； 2）h≥90mm 时，整块砖坐浆。 试件数量：10 块	按 GB/T 25779—2010 附录 A 进行。粘结材料： 1)1∶3 水泥砂浆。 2）快硬硅胶酸盐水泥或高强石膏粉。 制备方法： 1）H/B≥0.6 时，整块砖坐浆； 2）H/B＜0.6 时，两块砖叠放粘结。 试件数量：5 块、10 块(H/B＜0.6 时)	按 GB/T 24492—2009 附录 A 进行。粘结材料：水泥或高强石膏粉。制备方法： 1)H/B≥0.6 时，整块砖坐浆； 2)H/B＜0.6 时，两块砖叠放粘结。 试件数量：5 块、10 块(H/B＜0.6 时)

续表

检测项目	GB/T 21144—2007《混凝土实心砖》	GB/T 25779—2010《承重混凝土多孔砖》	GB/T 24492—2009《非承重混凝土空心砖》
最大吸水率	按 GB/T 4111—1997《混凝土小型空心砌块试验方法》进行	按 GB/T 4111—1997《混凝土小型空心砌块试验方法》进行	—
干燥收缩率 相对含水率	按 GB/T 4111—1997《混凝土小型空心砌块试验方法》进行。标距：150mm。 试件数量：3 块	同前	同前
抗冻性	按 GB/T 4111—1997《混凝土小型空心砌块试验方法》进行，按 GB/T 21144—2007 附录 A 冻后抗压。 试件数量：10 块	按 GB/T 4111—1997《混凝土小型空心砌块试验方法》进行，按 GB/T 25779 附录 A 冻后抗压。试件数量：10 块或 20 块（$H/B<0.6$ 时）	按 GB/T 4111—1997《混凝土小型空心砌块试验方法》进行，按 GB/T 24492—2009 附录 A 冻后抗压。试件数量：10 块或 20 块（$H/B<0.6$ 时）
碳化系数	按 GB/T 21144—2007 附录 B 进行。 试件数量：10 块	按 GB/T 25779—2010 附录 B 进行。 试件数量：12 块或 22 块（$H/B<0.6$ 时）	按 GB/T 24492—2009 附录 B 进行。 试件数量：12 块或 22 块（$H/B<0.6$ 时）
软化系数	按 GB/T 21144—2007 附录 C 进行。 试件数量：10 块	按 GB/T 25779—2010 附录 C 进行。 试件数量：10 块或 20 块（$H/B<0.6$ 时）	按 GB/T 24492—2009 附录 C 进行。 试件数量：10 块或 20 块（$H/B<0.6$ 时）
孔洞率或空心率	—	按 GB/T 4111—1997《混凝土小型空心砌块试验方法》进行。 试件数量：3 块	按 GB/T 4111—1997《混凝土小型空心砌块试验方法》进行。 试件数量：3 块

从表 2.9 可以看出，三种砖在吸水率、干燥收缩率等指标检测方面方法相同。在检测密度、抗冻性、碳化系数和软化系数时方法相同，只有试件数量不同。尤其是强度试验，各标准的样品数量、粘结材料、制备方法均有所区别，不得混用。另外，GB/T 24492—2009《非承重混凝土空心砖》所规定的密度试验需 5 块样品，似乎有所不妥，因为砖的密度和空心率试验均按 GB/T 4111—1997

《混凝土小型空心砌块试验方法》同时进行，此标准规定的试验方法中也只需要3块试件即可。

2.11.5.4 三种混凝土砖实测抗压强度对比

分别就三种混凝土砖依据各自产品标准规定的成型方法制备养护到期后进行抗压试验，其结果见表2.10。

表2.10 混凝土实心砖、多孔砖、空心砖抗压强度试验结果

内容	GB/T 21144—2007《混凝土实心砖》		GB/T 25779—2010《承重混凝土多孔砖》		GB/T 24492—2009《非承重混凝土空心砖》	
试件尺寸(mm)	240×115×53		240×115×90 (H/B=0.78>0.6)		190×90×90 (H/B=1.0>0.6)	
	单块值	平均值	单块值	平均值	单块值	平均值
抗压强度(MPa)	15.2 16.0 16.8 15.7 15.6 15.9 16.2 16.4 15.8 15.8	15.9 (符合MU15等级)	16.8 17.2 16.6 16.7 16.5	16.8 (符合MU15等级)	8.0 7.8 7.5 7.8 7.8	7.8 (符合MU15等级)
成型方法	采用两半截砖叠放坐浆； 粘结材料：P·O 42.5水泥净浆； 养护条件：(20±5)℃不通风养护3d		采用整块砖坐浆 粘结材料：1∶3水泥砂浆(水泥为P·O 42.5)； 养护条件：(20±5)℃试验室内养护72h		采用整块砖坐浆； 粘结材料：P·O 42.5水泥净浆； 养护条件：(20±5)℃、相对湿度不大于80%的室内养护24h	

从表2.10可以看出，三种砖在成型方法、粘结材料、养护条件、试件数量上各有异同，特别要注意，承重混凝土多孔砖是用水泥砂浆粘结而非水泥净浆粘结。另外，非承重混凝土空心砖养护龄期只需24h即可，不必养护3d。

2.11.5.5 结语

通过对比和分析GB/T 21144—2007《混凝土实心砖》、GB/T 24492—2009《非承重混凝土空心砖》、GB/T 25779—2010《承重混凝土多孔砖》三项标准，进一步掌握了混凝土砖的性能，同时明确了三者的异同点，特别是强度等级划

分、碳化系数、软化系数等指标和试件数量多少、成型方法、粘结材料的不同，避免误检误判。

该文已经发表于《墙材革新与建筑节能》杂志，具体信息如下：

丁百湛，沈凌霄．混凝土制品相关标准试析[J]．墙材革新与建筑节能，2011（07）：29-30.

路漫漫其修远兮，吾将上下而求索。

——屈原

2.11.6　《建设用卵石、碎石》新老标准对比说明

2.11.6.1　前言

《建设用卵石、碎石》（GB/T 14685—2011）已于 2012 年 2 月 1 日实施，与 GB/T 14685—2001 相比，修改了一些内容，同时删除了原用途及规格，增加了建设用石的一般要求、吸水率和含水率等技术要求。本文对上述内容进行阐述说明，以期与业内人士交流学习。

2.11.6.2　《建设用卵石、碎石》（GB/T 14685—2011）主要修改内容

经过新老标准对比发现，新标准主要做了 8 处修改，详见表 2.11。

2.11.6.3　《建设用卵石、碎石》（GB/T 14685—2011）主要增加内容

《建设用卵石、碎石》（GB/T 14685—2011）在做了 8 处修改的同时，还增加了 3 条要求，详见表 2.12。从表 2.12 可以看出，《建设用卵石、碎石》（GB/T 14685—2011）新增了一般要求，主要是对石子的环保和安全方面提出了要求。同时，在老标准已有吸水率、含水率和堆积密度试验方法的基础上，提出了对其相应的技术要求，便于检测评定。

表 2.11　《建设用卵石、碎石》（GB/T 14685—2011）主要修改内容

序号	主要修改内容	《建设用卵石、碎石》（GB/T 14685—2011）	《建筑用卵石、碎石》（GB/T 14685—2001）
1	标准名称修改，将“建筑”改为“建设”	建设用卵石、碎石	建筑用卵石、碎石
2	适用范围扩大	适用于建设工程（除水工建筑物）中水泥混凝土及其制品	适用于建筑工程中水泥混凝土及其制品
3	碎石定义里增加了矿山废石原料，不仅指天然岩石、卵石	天然岩石、卵石或矿山碎石经机械破碎、筛分制成的，粒径大于 4.75mm 的岩石颗粒	天然岩石、卵石经机械破碎、筛分制成的，粒径大于 4.75mm 的岩石颗粒

续表

序号	主要修改内容	《建设用卵石、碎石》（GB/T 14685—2011）	《建筑用卵石、碎石》（GB/T 14685—2001）
4	修改了颗粒级配、泥块含量、针片状颗粒含量、卵石压碎值指标的技术要求	① 颗粒级配将5～10mm归为单粒粒级，增加了10～16mm、16～25mm两个单粒粒级，取消了31.5～63mm单粒粒级； ② Ⅱ、Ⅲ类卵石、碎石泥块含量指标分别调为≤0.2%和≤0.5%，比以前要求提高了； ③ 针片状含量Ⅱ、Ⅲ类分别调为≤10%和≤15%，要求提高了； ④ 卵石压碎指标Ⅰ、Ⅱ、Ⅲ类分别调为≤12%、≤14%和≤16%，比以前要求提高了	① 5～10mm为连续粒级。无10～16mm、16～25mm这两个单粒粒级，有31.5～63mm单粒粒级； ② 原来泥块含量要求为<0.5%和<0.7%； ③ 原来Ⅱ、Ⅲ类分别为<15%和<25%； ④ 卵石压碎指标Ⅱ、Ⅲ类均为<16%
5	修改了表观密度、堆积密度、空隙率的技术要求，同时修改了表观密度试验方法	① 表观密度不小于2600kg/m³； ② 对连续级配松散堆积空隙率有要求，即Ⅰ类≤43%、Ⅱ类≤45%、Ⅲ类≤47%； ③ 堆积密度报告其实测值； ④ 表观密度试验增加水温修正系数α_t	① 表观密度大于2500kg/m³； ② 松散堆积密度大于1350kg/m³； ③ 空隙率小于47%
6	修改了碱-碳酸盐反应的试验方法，主要是修改了试件的形状	试件制备有变化，增加了棱柱体试件，且仲裁试验采用棱柱体试件。试件尺寸为边（9±1）mm，高（35±5）mm；结果判定也有变化，当84d龄期的膨胀率小于0.10%时，判定为无潜在碱-碳酸盐反应危害；否则，则判定为有潜在碱-碳酸盐反应危害	只有圆柱体试件，结果判定是当膨胀率超过0.10%时，则判定该岩石样品具有潜在碱-碳酸盐反应危害
7	修改了出厂检验项目和型式检验的规定	① 出厂检验项目增加了松散堆积密度，连续粒级的石子应进行空隙率检验和吸水率试验（根据客户需要时）； ② 型式检验规定做了修改和完善，去掉了“老产品转产时”和“国家质量监督机构要求检验时”，增加了“长期停产后恢复生产时”和“出厂检验结果与型式检验有较大差异时”	出厂检验只有颗粒级配、含泥量、泥块含量和针片状含量四项

续表

序号	主要修改内容	《建设用卵石、碎石》(GB/T 14685—2011)	《建筑用卵石、碎石》(GB/T 14685—2001)
8	修改了判定规则，明确了不合格的判定	增加了“若有两个及以上试验结果不符合标准规定时，则判该批产品不合格”（注：标准中的“否则判为不合格”应为“则判为不合格”	没有对两项及以上试验结果不符合标准的判定

表 2.12　《建设用卵石、碎石》(GB/T 14685—2011) 中增加的要求

序号	内容	《建设用卵石、碎石》(GB/T 14685—2011) 增加的要求
1	一般要求	5　一般要求 5.1　用矿山废石生产碎石有害物质除应符合 6.4 的规定外，还应符合我国环保和安全相关的标准和规范，不应对人体、生物、环境及混凝土性能产生有害影响。 5.2　卵石、碎石的放射性应符合 GB 6566—2010《建筑材料放射性核素限量》的规定
2	技术要求	6.8　吸水率：Ⅰ类≤1.0%；Ⅱ类≤2.0%；Ⅲ类≤2.0% 6.10　含水率和堆积密度报告其实测值
3	结果评定	凡涉及计算的结果，均采用修约值比较法进行评定

GB/T 14685—2011《建设用卵石、碎石》删除了原标准中规格和用途的描述，规格在新标准的颗粒级配表中得到反映，Ⅰ、Ⅱ、Ⅲ类的适用范围没有限制，由用户选择。

2.11.6.4　结语

（1）GB/T 14685—2011《建设用卵石、碎石》将 5～10mm 的石子归为单粒粒级，同时还增加了 10～16mm、16～25mm 两个单粒粒级，取消了 31.5～63mm 单粒粒级。

（2）碱-碳酸盐反应仲裁试验采用棱柱体试件，而不是圆柱体试件。

（3）明确了两项以上试验结果不符合标准规定时的判定规则。

该文已经发表于《墙材革新与建筑节能》杂志，具体信息如下：

丁百湛，沈凌霄.《建设用卵石、碎石》新老标准对比说明[J]. 墙材革新与建筑节能，2012(05)：40-41.

非学无以广才，非志无以成学。

——诸葛亮

2.11.7 GB 50203—2011《砌体结构工程施工质量验收规范》解读

2.11.7.1 前言

砌体结构是指由块体和砂浆砌筑而成的墙、柱作为建筑物主要受力构件的结构，是砖砌体、砌块砌体和石砌体结构的统称。除承重的墙、柱砌体之外，其相关组成部分，如自承重的填充墙砌体也属砌体结构的范畴。GB 50203—2011《砌体结构工程施工质量验收规范》于 2012 年 5 月 1 日正式实施，原 GB 50203—2002《砌体工程施工质量验收规范》同时废止。本文介绍 GB 50203—2011 比之于 GB 50203—2002 的主要变化以及应重点关注的问题。

2.11.7.2 新标准的主要变化

GB 50203—2011 与 GB 50203—2002 相比，其主要变化列于表 2.13。

表 2.13 GB 50203—2011 的主要变化

序号	主要变化	详细内容
1	名称不同，增加“结构”两字	改为“砌体结构工程施工质量验收规范”
2	增加了砌体材料专用砂浆	2.0.6 蒸压加气混凝土砌筑专用砂浆
3	增加了墙体砌筑时应设置皮数杆	3.0.7 砌筑墙体应设置皮数杆
4	增加了正常施工条件下，砌体每日砌筑高度的规定	3.0.19 正常施工条件下，砖砌体、小砌块砌体每日砌筑高度宜控制在 1.5m 或一步脚手架高度内；石砌体不宜超过 1.2m
5	增加“一般项目”检测值的最大超差值为允许偏差值的 1.5 倍的规定	3.0.21 砌体结构工程检验批验收时，其主控项目应全部符合本规范的规定；一般项目应有 80%及以上的抽检处符合本规范的规定；有允许偏差的项目，最大超差值为允许偏差值的 1.5 倍
6	修改了分项工程检验批各项抽检项目最小样本容量的规定	3.0.22 砌体结构分项工程中检验批抽检时，各抽检项目的样本最小容量除有特殊要求外，按不应小于 5 确定
7	补充砂中有害物质的种类及限制	4.0.2 砂浆用砂宜采用过筛中砂，并应满足下列要求： 1 不应混有草根、树叶、树枝、塑料、煤块、炉渣等杂物； 2 砂中泥、泥块、石粉、云母、轻物质、有机物、硫化物、硫酸盐及氯盐含量（配筋砌体砌筑用砂）等应符合现行行业标准 JGJ 52《普通混凝土用砂、石质量及检验方法标准》的有关规定
8	增加不同块体所用砌筑砂浆稠度的规定	4.0.5 砌筑砂浆应进行配合比设计。当砌筑砂浆的组成材料有变更时，其配合比应重新确定。砌筑砂浆的稠度宜按规定采用

续表

序号	主要变化	详细内容
9	水泥砂浆替换同强度等级水泥混合砂浆时应重新确定砂浆强度等级的规定	4.0.6　施工中不应采用强度等级小于 M5 水泥砂浆替代同强度等级水泥混合砂浆，如需替代，应将水泥砂浆提高一个强度等级
10	修改了砌筑砂浆的合格验收条件	4.0.12　砌筑砂浆试块强度验收时其强度合格标准应符合下列规定： 1　同一验收批砂浆试块强度平均值应大于或等于设计强度等级值的 1.10 倍； 2　同一验收批砂浆试块抗压强度的最小一组平均值应大于或等于设计强度等级值的 85%。 抽检数量：每一检验批且不超过 $250m^3$ 砌体的各类、各强度等级的普通砌筑砂浆，每台搅拌机应至少抽检一次。验收批的预拌砂浆、蒸压加气混凝土砌块专用砂浆，抽检可为 3 组
11	将砌体的轴线位移、墙面垂直度及构造柱尺寸的质量验收由“主控项目”改为“一般项目”	详见 GB 50203—2011 中 5.3.3 条、7.3.1 条、8.3.1 条、9.3.1 条
12	增加用于室内的石材应经放射性检验	7.1.2　石砌体采用的石材应质地坚实，无裂纹和无明显风化剥落；用于清水墙、柱表面的石材，尚应色泽均匀；石材的放射性应经检验，其安全性应符合现行国家标准 GB 6566《建筑材料放射性核素限量》的有关规定
13	增加填充墙砖、小砌块强度等级的进场复验要求	9.2.1　烧结空心砖、小砌块和砌筑砂浆的强度等级应符合设计要求。检验方法：查砖、小砌块进场复验报告和砂浆试块试验报告
14	增加蒸压加气混凝土砌块砌筑时含水率的规定	5.1.6.2　其他非烧结类砌块的相对含水率 40%～50%
15	增加填充墙与主体结构间连接钢筋采用植筋方法时锚固拉拔力检测及验收规定	9.2.3　填充墙与承重墙、柱、梁的连接钢筋，当采用化学植筋的连接方式时，应进行实体检测。锚固钢筋拉拔试验的轴向受拉非破坏承载力检验值为 6.0kN。抽检钢筋在检验值作用下应基材无裂缝、钢筋无滑移宏观裂损现象；持荷 2min 期间荷载值降低不大于 5%
16	修改冬期施工中同条件养护砂浆试块的留置数量及试验龄期的规定	10.0.5　冬期施工砂浆试块的留置，除应按常温规定要求外，尚应增加 1 组与砌体同条件养护的试块，用于检验转入常温 28d 的强度。如有特殊需要，可另外增加相应龄期的同条件养护的试块
17	附录中增加填充砌体植筋锚固力检验抽样判定；填充墙砌体植筋锚固力检测记录	附录 B 填充墙砌体植筋锚固力检验抽样判定（分正常一次性抽样的判定和正常二次性抽样的判定）。附录 C 填充墙砌体植筋锚固力检测记录

2.11.7.3 应重点关注的问题

1. 关于检验批的验收标准

GB 50300—2001《建筑工程施工质量验收统一标准》和 GB/T 50344—2004《建筑结构检测技术标准》对检验批的质量检验，根据检验项目的特点分为计数抽样方案和计量抽样方案两种。在 GB 50203—2011 中，除填充墙砌体植筋锚固力检验批采用正常一次性和正常二次性抽样方案，并按规范的附录表 B.0.1 判定外，其余计数抽样判定均采用一次抽样方案，并按照规范中 3.0.21 条的要求判定；在 GB 50203—2011 中涉及检验批计量抽样的项目包括块体强度、水泥强度、砌筑砂浆强度、混凝土强度、钢筋强度等项目。其中，块体强度、水泥强度、混凝土强度和钢筋强度均有相应的抽样方案和质量判定方法。对于砌筑砂浆强度则是按规范中 4.0.12 条进行判定，即按同一验收批砂浆试块强度平均值和最小一组试块平均值来判定，并规定同一类型、强度等级的砂浆试块应不少于 3 组，当同一验收批砂浆只有 1 组或 2 组试块时，每组试块抗压强度平均值应大于或等于设计强度等级值的 1.10 倍。

2. 关于强度验收标准

在 GB 50203—2011 中 4.0.12 条规定，同一验收批砂浆试块强度平均值应大于或等于设计强度等级值的 1.10 倍，同一验收批砂浆试块抗压强度的最小一组平均值应大于或等于设计强度等级值的 85%，这比 GB 50203—2002 规定有所提高（原标准规定平均值大于或等于设计强度等级所对应的立方体抗压强度，最小值应大于或等于设计强度等级所对应的立方体抗压强度值的 0.75 倍）。

3. 关于填充墙连接钢筋采用化学植筋时的实体检测规定

在 GB 50203—2011 中 9.2.3 条规定，填充墙与承重墙、柱、梁的连接钢筋，当采用化学植筋的连接方式时，应进行实体检测。锚固钢筋拉拔试验的轴向受拉非破坏承载力检验值应为 6.0kN。检验批验收可按规范表 B.0.1 和表 B.0.2 分别通过正常检验一次或二次抽样判定。这条规定弥补了 JGJ 145—2004《混凝土结构后锚固技术规程》对填充墙植筋的锚固力检测的抽检数量及施工验收无相关规定的不足，方便检测单位的抽样和判定。但在 GB 50203—2011 的附录 B 中有两个表，一个是表 B.0.1 正常一次性抽样的判定，另一个是表 B.0.2 正常二次性抽样的判定，怎样选用是个问题。一般来说，选用一次性抽样，检测数量少些，判断严些；选择二次性抽样，则检测数量多些，判断松些。举例说明，根据 GB 50203—2011 规范中表 9.2.3，当检验批容量为化学植筋 501～1200 根时，样本最小容量为 32 根，若按一次抽样方案，则当试件中有 4 根或 4 根以上不合格时，则判断检验批为不合格。若按二次抽样方案，（1）当 32 根试件中有 2 根或 2 根以下不合格时，则该批植筋合格；（2）当有 5 根或 5 根以上不合格时，则判断该批为不合格；（3）当有 3 根或 4 根不合格时，则可以进行二次抽样，即再抽 32 根，第一次和第二次抽样总和为 64 根，当第一次和第二次抽样的不合格植筋总数≤6 时，判该批植筋合格，当第一次和第二次抽样的不合格植筋总数≥7 时，则判该批为不合格。因而在检测之前，检测机构应事先与业主或监理单位沟通，确定是采用一次抽样方案还是二次抽样方案，以免产生判断歧义。

2.11.7.4　结语

（1）GB 50203—2011 较老标准有多处修订。

（2）计数抽样除植筋抽样外，一般采用一次计数抽样方案。

（3）砂浆强度验收评定要求比老标准有所提高，应引起相关人员重视，避免误判。

该文已经发表于《墙材革新与建筑节能》杂志，具体信息如下：

丁百湛，孙明．GB 50203—2011《砌体结构工程施工质量验收规范》解读[J]．墙材革新与建筑节能，2013(02)：34-36.

君子曰：学不可以已。

——荀子

2.11.8　浅析钢板及钢带的镀层重量检测

2.11.8.1　引言

钢板及钢带为了防腐需在表面加以防护，主要是在表面进行镀层处理或在已经过表面预处理的基础上（镀层板）再涂覆有机涂料制成彩色涂层钢板及钢带。钢铁材料的 1/10 被腐蚀消耗，镀锌的锌消耗量占锌产量的 50%左右[14]。镀锌层重量的测量方法主要有两种，即 GB/T 1839—2008《钢产品镀锌层质量试验方法》和 GB/T 13825—2008《金属覆盖层　黑色金属材料热镀锌层　单位面积质量称量法》。两种方法被不同的产品标准所引用。其中 GB/T 1839—2008 被产品标准引用得较多，而 GB/T 13825—2008 被引用得少一些。例如 GB/T 1839—2008 被 JG/T 228—2015《建筑用混凝土复合聚苯板外墙外保温材料》引用，另外 GB/T 12755—2008《建筑用压型钢板》、GB/T 12754—2008《彩色涂层钢板及钢带》等钢板、钢带产品均引用此标准方法。GB/T 13825—2008 被 GB/T 5267.3—2008《紧固件　热浸镀锌层》、GB/T 32968—2016《钢筋混凝土用锌铝合金镀层钢筋》等产品标准所引用。下面就检测过程中发现一些问题谈一些看法，不妥之处，敬请给予指正。

2.11.8.2　GB/T 1839—2008 和 GB/T 13825—2008 试验方法的比较

GB/T 1839—2008 修改采用（MOD）了 ISO 1460：1992，而 GB/T 13825—2008 是等同采用（IDT）了 ISO 1460：1992。这两个标准的主要区别列于表 2.14 中。

表 2.14 GB/T 1839—2008 和 GB/T 13825—2008 的区别

序号	主要不同点	GB/T 1839—2008	GB/T 13825—2008
1	适用范围不同	镀锌层包括纯锌镀层、锌铁合金和锌铝合金镀层，适用于面积易于测量的热镀锌和电镀锌等钢产品的镀锌层	适用于测量黑色金属材料热镀锌层单位面积质量，其表面积易于确定
2	试验溶液稀释剂和使用次数要求不同	增加了等离子水作为稀释剂，强调试验溶液在能溶解镀锌层的条件下，可反复使用	以蒸馏水为稀释剂，未强调退镀溶液（即试验溶液）的再次利用
3	称量精度、试样尺寸要求不同	增加了当试样镀层质量不小于 0.1g 时，称量精度 0.001g，明确试样形状和尺寸。例如：钢板、钢带试样可为圆形或方形。仲裁试验单面面积为 3000～5000mm^2	无称量精度要求。试样的暴露面积 A 只规定了测量精度准确到 1%
4	单位面积上镀锌层质量	对于钢板或钢带，应注明是单面还是双面的镀锌层质量	未注明热浸镀锌单位面积质量 A 是单面或双面镀锌层质量
5	钢丝镀锌层质量公式不同	系数不易于理解	易于理解钢丝外表面积
6	计算结果修改要求不同	计算结果按 GB/T 8170 规定修约，保留数位与产品标准中标示的数位一致	没有规定计算结果的保留数位要求
7	试验方法不同	增加了附录 A“镀锌钢板锌层质量的荧光 X 射线测量方法。”	仅有退镀溶液法

从表 2.14 可以看出，GB/T 1839—2008 在 ISO 1460：1992 的基础上，增加了更易于操作的规定和适应生产、试验技术发展现状的方法。但有一点需提出，即在需要表示纯锌层近似厚度（μm）时，强调计算结果 M 修约到小数点后一位，即纯锌层厚度 $d = M/\rho$，ρ 取纯锌层密度 7.2g/m^3，这里未强调 M 此时应为单面的镀锌层质量（g/m^2），若为双面，则可能会产生错误。GB/T 13825—2008 强调 A 为试样的暴露面积，这样计算出的热浸镀锌单位面积质量即为单面的镀锌层质量（g/m^2）。

2.11.8.3 钢板及钢带等有关产品标准对镀锌层质量的要求比较

常用的产品标准有 GB/T 2518—2008《连续热镀锌钢板及钢带》、GB/T 14978—2008《连续热镀铝锌合金镀层钢板及钢带》、GB/T 12754—2006《彩色涂层钢板及钢带》、GB/T 12755—2008《建筑用压型钢板》、GB/T 11981—2008《建筑用轻钢龙骨》等都涉及镀锌层质量的要求。

1. GB/T 2518—2008 中有关镀层重量的规定

在 GB/T 2518—2008 中，镀层按材质分为热镀纯锌镀层(代号为 Z)和热镀锌铁合金镀层(代号为 ZF)；按镀层形式分为等厚镀层和差厚镀层。等厚镀层是指钢板或钢带的上、下两层镀层厚度相等。差厚镀层通常为镀层的上面与下面厚度不同，但其重量比值应不大于 3。对于等厚镀层来说，纯锌镀层公称镀层重量范围为 50～600(g/m^2)，锌铁合金镀层为 60～180(g/m^2)，通常等厚公称镀层重量以双面镀层重量表示。经供需双方协商，等厚公称镀层重量也可用单面镀层重量进行表示，例如，热镀锌层 Z250 可表示为 Z125/125，热镀锌铁合金镀层 ZF180 可表示为 ZF90/90。这里 Z250、Z180 表示的是双面镀层重量。另外在该标准中指明 $50g/m^2$ 镀层(纯锌和锌铁合金)的厚度约为 7.1mm，在其附录 B 中，公称镀层厚度计算公式为：公称镀层厚度=[两面镀层公称重量之和(g/m^2)/50(g/m^2)]×7.1×10^{-3}(mm)，表明其等厚镀层的推荐的公称镀层重量为两面镀层公称重量之和。如 Z180 表示的是上、下两面的镀层厚度均为 $90g/m^2$。另外从标准中表 14 可以看出，差厚镀层用 Z30/40 或 ZF30/40 形式表示，即表示上、下两面的镀层厚度分别为 $30g/m^2$ 和 $40g/m^2$。在表 15 中则更为明显，差厚镀层用 A/B 表示。A、B 分别为钢板及钢带上、下表面(或钢管内、外表面)对应的公称镀层重量(g/m^2)。

2. GB/T 14978—2008 中有关镀层重量的规定

在 GB/T 14978—2008 中规定公称镀层重量范围为 60～$200g/m^2$。镀层材质为热镀铝锌合金镀层，代号为 AZ。镀层形式为等厚镀层，同时表示 $50g/m^2$ 热镀铝锌合金镀层的厚度为 13.3mm。那是因为铝的密度为 $2.7g/cm^3$，锌的密度为 $7.2g/cm^3$，因而若同等面密度铝和锌，则铝的厚度要比锌的大，但与 GB/T 2518—2008 相同，其推荐的公称镀层质量 AZ180 也是表示钢板上、下两面的镀层厚度相等，均为 $90g/m^2$。因为在其附录 B 中镀层公称厚度的计算公式与 GB/T 2518 的相似：公称镀层厚度=[两面镀层公称重量之和(g/m^2)/50(g/m^2)]×13.3×10^{-3}mm，由此推算推荐的公称镀层重量与镀层厚度的关系见表 2.15。

表 2.15　GB/T 14978—2008 中公称镀层重量与镀层厚度换算

<table>
<tr><th>序号</th><th colspan="2">推荐的公称镀层重量[(g/m²)]</th><th colspan="2">镀层厚度(mm)</th></tr>
<tr><td rowspan="5">1</td><td>60</td><td>180</td><td>16.0</td><td>47.9</td></tr>
<tr><td>80</td><td rowspan="4">200</td><td>21.3</td><td rowspan="4">53.2</td></tr>
<tr><td>100</td><td>26.6</td></tr>
<tr><td>120</td><td>31.9</td></tr>
<tr><td>150</td><td>39.9</td></tr>
</table>

3. GB/T 12754—2006 和 GB/T 12755—2008 中有关镀层重量的规定

在 GB/T 12754—2006《彩色涂层钢板及钢带》中表 4 规定公称镀层重量在 40/40～140/140(g/m^2)之间，详见表 2.16。

表 2.16 彩色涂层钢板及钢带推荐的公称镀层重量(g/m^2)

基板类型	使用环境的腐蚀性		
	低	中	高
热镀锌基板	90/90	125/125	140/140
热镀锌铁合金基板	60/60	75/75	90/90
热镀铝锌合金基板	50/50	60/60	75/75
热镀锌铝合金基板	65/65	90/90	110/110
电镀锌基板	40/40	60/60	—

镀层重量每面 3 个试样平均值应不小于相应面的公称镀层重量,单个试样值应不小于相应面公称镀层重量的 85%。在 GB/T 12755—2008《建筑用压型钢板》中,热镀基板的公称镀层重量与 GB/T 12754—2008 的要求一致,只是去掉了电镀锌基板。表中分子、分母值分别表示正面、反面的镀层重量。这两个标准的镀层重量均表示单面的镀层重量,表达清晰,值得推介。

4. GB/T 11981—2008《建筑用轻钢龙骨》

在 GB/T 11981—2008 中规定,在龙骨表面采用镀锌防锈时,其双面镀锌量和双面镀锌层厚度分别≥$100g/m^2$ 和≥$14\mu m$。按 GB/T 1839—2003《钢产品镀锌层质量试验方法》测量双面镀锌量,用磁性测厚仪分别测定正面及背面的镀锌层厚度,两面平均测量值之和即为该试件的双面镀锌层厚度,由此可以推断,其单面镀锌量应为≥$50g/m^2$,及单面镀锌层厚度≥$7\mu m$,这也与 GB/T 1839—2008 的纯锌层厚度计算公式接近,$d=\frac{M}{\rho}(\mu m)$(M 取为 $50g/m^2$,ρ 取为 $7.2g/cm^3$,此时 $d=6.94\mu m$),而 GB/T 2518—2008《连续热镀锌钢板及钢带》、GB/T 14978—2008《连续热镀铝锌合金镀层钢板及钢带》中附录 B 的公称镀层厚度计算公式算出的厚度应为双面镀层厚度之和,不是单层镀层厚度。

2.11.8.4 建议及注意的问题

为避免理解歧义,建议 GB/T 2518—2008《连续热镀锌钢板及钢带》和 GB/T 14978—2008《连续热镀铝锌合金镀层钢板及钢带》和 GB/T 11981—2008《建筑用轻钢龙骨》在修订时镀层重量用单面镀层重量表示,镀锌层厚度也分别用单面厚度表示,就像 GB/T 12754—2006 和 GB/T 12755—2008 中规定的一样,同时应注意:

(1)只有镀层为纯锌层时才能用 GB/T 1839《钢产品镀锌层质量试验方法》中的 $d=\frac{M}{\rho}(\rho=7.2g/cm^3)$ 进行镀层厚度与镀层重量的换算;

(2)不同的镀层应根据不同的产品标准规定的换算系数进行,例如 GB/T 14978—2008 规定镀层重量为 $50g/cm^2$,对应的公称镀层厚度为 13.3mm;

(3)应注意镀层重量通常指单面镀层重量。

2.11.8.5 结语

(1) 与 GB/T 13825 相比，GB/T 1839 更易于操作。

(2) 建议产品标准涉及镀层重量性能指标的均统一为单面镀层重量，同时换算镀层厚度也为单面镀层厚度。

(3) 检测人员应注意区分现有产品标准对镀层重量和镀层厚度的规定是单面指标还是双面之和，避免发生误判。

该文已经发表于《建材发展导向》杂志，具体信息如下：

丁百湛，李治君，李思．浅析钢板及钢带的镀层重量检测[J]．建材发展导向，2017(12)：32-34.

书是全世界的营养品。

——莎士比亚

2.11.9 JG/T 407—2013《自保温混凝土复合砌块》简介

2.11.9.1 前言

自保温混凝土复合砌块是指通过在骨料中加入轻质骨料和（或）在实心混凝土块孔洞中填插保温材料等工艺生产，其所砌筑墙体具有保温功能的混凝土小型空心砌块。江苏省早在 2009 年 10 月 1 日就实施了 DGJ32/TJ 85—2009《混凝土复合保温砌块（砖）非承重自保温系统应用技术规程》，2013 年 4 月 25 日又出台了苏 JG/T 030—2013《HHC 混凝土砌块（砖）非承重自保温系统应用技术规程》。自保温混凝土复合砌块已在工程中应用了 4 年左右，取得了一定的效果。

JG/T 407—2013《自保温混凝土复合砌块》是由住房城乡建设部发布的产品行业标准，于 2013 年 6 月 1 日起实施。该标准的出台为自保温混凝土复合砌块的推广应用提供了充分的条件。下面结合对该标准的学习，简介该标准中对自保温混凝土复合砌块的分类和主要性能指标以及运输堆放时的特殊要求，同时与 GB/T 29060—2012《复合保温砖和复合保温砌块》进行比较，列出二者的不同之处，以提醒检测时不要混淆，不妥之处敬请批评指正。

2.11.9.2 自保温混凝土复合砌块标准的主要内容

1. 分类和标记

自保温混凝土复合砌块按其复合类型和孔的排数分别分为三类，详见表 2.17。

按自保温砌块的密度、强度、当量导热系数、当量蓄热系数进行分级，详见表 2.18。

表 2.17 自保温砌块分类

按复合类型分三类	按孔的排数分三类
Ⅰ类：在骨料中复合轻质骨料	单排孔
Ⅱ类：在孔洞中填插保温材料	双排孔
Ⅲ类：在骨料中复合轻质骨料且在孔洞中填插保温材料	多排空

表 2.18 自保温砌块的等级划分

序号	等级划分	详细内容
1	按密度等级分为九级（kg/m^3）	500、600、700、800、900、1000、1100、1200、1300
2	按强度等级分为五级	MU3.5、MU5.0、MU7.5、MU10.0、MU15.0
3	按砌体当量导热系数分为七级	EC10、EC15、EC20、EC25、EC30、EC35、EC40
4	按当量蓄热系数分为七级	ES1、ES2、ES3、ES4、ES5、ES6、ES7

2. 原材料

自保温砌块的原材料主要有水泥、普通砂石骨料、轻质骨料、掺合料、外加剂和填插材料。轻质骨料主要有粉煤灰陶粒、黏土陶粒、页岩陶粒、天然轻骨料、超轻陶粒、自然煤矸石轻骨料、黏土砖渣、非煅烧粉煤灰轻骨料、膨胀珍珠岩和聚苯颗粒。轻质骨料最大粒径不宜大于 10mm。掺合料主要有粉煤灰和磨细矿渣粉。填插材料主要有 XPS 和 EPS 板、聚苯颗粒保温浆料和泡沫混凝土等。

3. 要求

自保温砌块有 10 项性能要求，详见表 2.19。

表 2.19 自保温砌块性能要求

序号	性能	要求
1	规格尺寸	尺寸偏差±3mm，最小外壁厚和最小肋厚详见标准中表 5
2	外观质量	对弯曲缺棱、掉角以及裂缝延伸投影的累计尺寸详见标准中表 6
3	密度等级	分为九个等级，详见标准中表 7
4	强度等级	按砌块抗压强度的平均值和最小值分为五个等级，详见标准中表 8
5	当量导热系数及当量蓄热系数等级	分为七级，详见标准中表 9 和表 10。当量导热系数 λ_{eq}：表征自保温砌块砌体热传导能力的系数，其数值等于砌体的厚度与热阻的比值，单位为 W/(m·K)；当量蓄热系数 S_{eq}：表征自保温砌块砌体在周期性热作用条件下热稳定性能力的参数，单位为 W/(m^2·K)
6	质量吸水率和干缩率	去除填插保温材料后自保温砌块的质量吸水率不应大于 18%，干缩率不应大于 0.065
7	抗渗性能	用于清水墙的自保温砌块，其抗渗性能应符合标准中表 11 的规则
8	碳化系数和软化系数	均不应小于 0.85
9	抗冻性能	自保温砌块的抗冻性能应符合标准中表 12 的规定
10	放射性核素限量	掺工业废渣的砌块及填充的无机保温材料，其放射性核素限量应符合 GB 6566《建筑材料放射性核素限量》的规定

4. 试验方法

除当量导热系数、当量蓄热系数等级和放射性核素限量外，其余性能均按 GB/T 4111—2013《混凝土砌块和砖试验方法》进行试验。

5. 检验规则

（1）出厂检验的项目应包括：尺寸偏差、外观质量、密度、强度、质量吸水率，用于清水墙的砌块还应检测抗渗性。

（2）砌块应按强度等级分批验收，以同一种原材料配制成的相同强度或密度等级和同一工艺生产的 10000 块砌块为一批；每月生产的砌块数不足 10000 者亦以一批论。

6. 抽样规则

尺寸偏差和外观质量检验，每批随机抽取 32 块；其他检验项目抽样数详见标准中表 13。

7. 判定规则

（1）若抽检的 32 块砌块中，尺寸偏差、外观质量各项指标全部合格数不少于 25 块时，则判定该批砌块合格。

（2）除尺寸偏差、外观质量外，其他性能指标有一项不合格者，或用户对生产厂家检验结果有异议时，应进行复检。复检数量和检验项目应与前一次检验相同，不是双倍复检。

8. 产品合格证、堆放和运输

自然养护时间满足 28d 以上的自保温砌块方可出厂。堆放运输应有防雨、防潮、排水和防火措施，防雨、防潮主要是防止填插材料受潮影响保温性能，防火是因为有些填插材料为易燃品。

9. 当量导热系数和当量蓄热系数检测

采用标准中附录 A 和附录 B 方法。检测导热系数试件砌筑好后应设置在通风良好的环境中干燥后，方可进行检测，可采用 GB/T 13475—2008《绝热　稳态传热性质的测定　标定和防护热箱法》中热箱法和附录 C 热流计法进行检测。当量蓄热系数按照标准附录 B 制作一组试块，其中薄试块一块，尺寸为 200mm×200mm×(20～30)mm；厚试件两块，其厚度为 60～100mm。自保温砌块的壁肋材料、填插保温材料的比热容均按 JGJ 51—2002《轻骨料混凝土技术规程》中 7.5 条的规定进行，即采用热脉冲法测定材料的导热系数 λ、导温系数 a，然后计算比热容 c。$c=\lambda/(a\rho)$，ρ 是三块试件的平均表观密度，再计算自保温砌块砌体的平均密度 $\rho_{ma}=\zeta\times\rho_{br}$，$\rho_{br}$ 是指自保温砌块的密度，ζ 取值 1.1，然后用附录 B 的 B.4 公式计算当量蓄热系数 S_{eq}。

对于同一种自保温混凝土复合砌块，其测得的当量导热系数和当量蓄热系数值越小，其保温性能越好。通常我们测得的三排孔（中间插 EPS 板）当量导热系数在 0.25～0.28W/(m·K)之间，达到 JG/T 407—2013 中 EC25 或 EC30 的要求。与 GB/T 29060—2012《复合保温砖和复合保温砌块》(2013 年 9 月 1 日起实施)相比，JG/T 407—2013《自保温混凝土复合砌块》没有国标中的复合形式多(国标中有拉结型和贴面复合型)，其性能指标主要差别有两点：一是密度，二是保温性能。

2.11.9.3 结语

(1) 自保温混凝土复合砌块按复合类型分为三类，在骨料中复合、在空洞中填插和两者都有。

(2) 产品堆放运输应有防雨、防潮、排水和防火措施。

(3) 当量导热系数用热箱法或热流计法检测。

(4) 当量蓄热系数用热脉冲法测定材料的导热系数和导温系数后再计算求得。

(5) 与 GB/T 29060—2012 相比，JG/T 407—2013 其密度、强度和保温性能检测均有较大区别，检测时不要混淆。

该文已经发表于《墙材革新与建筑节能》杂志，具体信息如下：

丁百湛．JG/T 407—2013《自保温混凝土复合砌块》简介[J]. 墙材革新与建筑节能，2013(10)：41-43.

学习是劳动，是充满思想的劳动。

——乌申斯基

2.11.10 预制混凝土砌块强度处理措施

在日常施工检测工作中，存在建筑工地送检的混凝土砌块不合格情况。不合格的主要原因是抗压强度无法达到相关产品标准的要求。而无论是混凝土小型空心砌块、轻骨料混凝土小型空心砌块的产品标准，还是复合保温砌块甚至蒸压加气混凝土砌块的产品标准，均无可以复检的说明，因而当砌块强度不合格时，具体处理措施就成为一个问题。

按照《建筑工程施工质量验收统一标准》(GB 50300—2013) 第 3.0.3 条的规定：建筑工程采用的主要材料、半成品、成品、建筑构配件、器具和设备应进行进场检验。当强度不合格的砌块还没有使用到工程上时，则可以要求进行退场处理，重新进货。《砌体结构工程施工质量验收规范》(GB 50203—2011) 第 3.0.1 条规定：块体、水泥、钢筋和外加剂等尚应有材料主要性能的进场复验报告，并应符合设计要求。有时砌块不合格也可能是因为检测失误，则可以寻找更权威的机构进行检测；当不合格的砌块已被误用到工程中时，依据《建筑工程施工质量验收统一标准》(GB 50300—2013) 中第 5.0.6 条规定：可以寻找有资质的检测机构检测鉴定。

若能达到设计要求则予以验收；若无法达到设计要求，需经原设计单位核算认可能够满足安全和使用功能，方可予以验收。这就涉及砌块的现场检测。

对于现场检测，《建筑结构检测技术标准》（GB/T 50344—2004）第 5.2.2 条规定：砌筑块材的强度，可采用取样法、回弹法、取样结合回弹的方法或钻芯的方法检测。而具体的检测方法只有回弹法检测烧结普通砖抗压强度在《建筑结构检测技术标准》（GB/T 50344—2004）的附录 F 有描述，其余的方法在《建筑结构检测技术标准》（GB/T 50344—2004）并没有叙述，而《砌体工程现场检测技术标准》（GB/T 50315—2011）第 3.4.3 条规定：切制抗压试件法用于检测普通砖和多孔砖砌体的抗压强度，烧结砖回弹法用于检测烧结普通砖和烧结多孔砖墙体的砖强度。同样也不适用于砌块的现场检测。

《非烧结砖砌体现场检测技术规程》第 3.4.2 条规定：抽取块材试验法、混凝土小砌块回弹法两种检测砌块强度的方法，解决了砌块强度现场检测的问题。

综上所述，当砌块检测不合格时：一是可以退场处理；二是对已用到工程中不能退场的，则可以采用抽取块材试验法或回弹法进行检测，然后按《建筑工程施工质量验收统一标准》（GB 50300—2013）第 5.0.6 条相关规定进行处理。

该文已经发表于《建筑工人》杂志，具体信息如下：

丁百湛，沈凌霄，王忠．预制混凝土砌块强度处理措施[J]．建筑工人，2015，36(3)：18-19.

> 合理安排时间，就等于节约时间。
>
> ——培根

2.11.11　钢筋原材及连接件工艺性能检验

2.11.11.1　前言

在日常检测工作中，常会遇到钢筋原材和连接件需要进行工艺检验的委托，有些检测人员搞不明白什么是工艺检验，怎样做工艺检验。在此我们结合工作实际，谈一些简单看法，不妥之处，敬请批评指正。

2.11.11.2　工艺检验的分类

1. 钢筋原材的工艺性能

我们经常遇到的钢筋为热轧光圆钢筋和热轧带肋钢筋，其标准名称分别为 GB 1499.1《钢筋混凝土用钢　第 1 部分：热轧光圆钢筋》和 GB 1499.2《钢筋混凝土用钢　第 2 部分：热轧带肋钢筋》。在 GB 1499.2 中第 7.5 条为工艺性能指标，主要是做弯曲性能和反向弯曲性能检验。即按规定的弯心直径弯曲 180°

后，钢筋受弯曲部位表面不得产生裂纹。反向弯曲性能的弯心直径比弯曲试验相应增加一个钢筋公称直径，先正向弯曲 90°后，通常还要经人工时效后再反向弯曲 20°。两个弯曲角度均应在去载之前测量，经反向弯曲试验后，钢筋受弯曲部位不得产生裂纹。而在 GB 1499.1 中工艺性能只有弯曲性能而没有反向弯曲性能的要求。

2. 钢筋焊接工艺试验

钢筋焊接是钢筋三种连接方式（绑扎连接、焊接连接和机械连接）中的主要连接方式。为了保证焊接施工质量，在 JGJ 18—2012《钢筋焊接及验收规程》的第 4.1.3 条将焊接工艺试验列为强制性条文，必须严格执行。第 4.1.3 条为“在钢筋工程焊接开工前，参与该项工程施焊的焊工必须进行现场条件下的焊接工艺试验，应经试验合格后，方准于焊接生产”。因而在做焊接工艺试验检测时，报告中应注明焊工号、焊接方式，但不能写代表数量。检测参数有抗拉强度和冷弯试验（针对闪光对焊和气压焊）。评定方法与验收试验一致，详见标准中 5.1.7 条和 5.1.8 条。

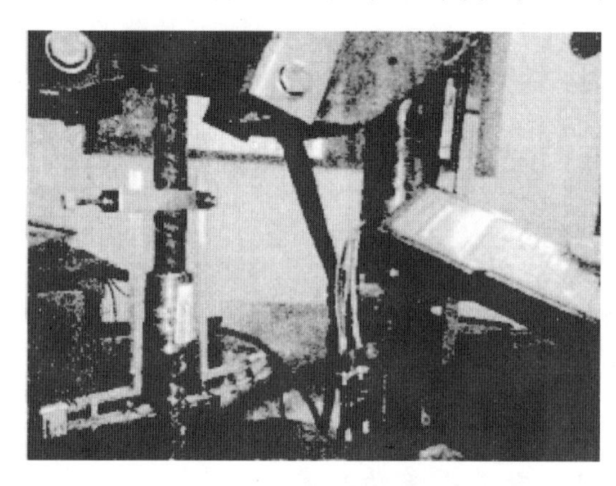

图 2.2　残余变形试验

3. 钢筋机械连接接头工艺检验

根据 JGJ 107—2010《钢筋机械连接技术规程》中 7.0.2 条：钢筋连接工程开始前，应对不同钢筋生产厂的进场钢筋进行接头工艺检验，施工过程中，更换钢筋生产厂时，应补充进行工艺检验。工艺检验主要有抗拉强度和残余变形指标，残余变形需用专门的引伸计来测试，见图 2.2，检测钢筋弯曲性能是做冷弯试验，见表 2.20。

表 2.20　机械连接工艺检验实例

序号	直径（mm）	公称面积（mm^2）	级别	结构部位	接头类型	接头等级	接头抗拉强度（MPa）	残余变形单个值/平均值（mm）	接头破坏形态
1	22	380.1	HRB400	基础、主体	滚轧直螺纹	Ⅰ	617、627、635	0.04、0.06、0.06/0.05	钢筋拉断
2	28	615.8	HRB400	基础、主体	滚轧直螺纹	Ⅰ	602、605、606	0.04、0.06、0.03/0.04	钢筋拉断

续表

序号	直径（mm）	公称面积（mm²）	级别	结构部位	接头类型	接头等级	接头抗拉强度（MPa）	残余变形单个值/平均值（mm）	接头破坏形态
3	25	490.9	HRB400	基础、主体	滚轧直螺纹	Ⅰ	624、621、619	0.06、0.07、0.04/0.06	钢筋拉断
4	25	490.9	HRB400E	一层柱	滚轧直螺纹	Ⅰ	614、621、612	0.07、0.04、0.04/0.06	钢筋拉断
5	22	380.1	HRB400E	一层柱	滚轧直螺纹	Ⅰ	594、596、593	0.08、0.06、0.05/0.06	钢筋拉断

在张金生等人所写的《带肋钢筋机械连接中的质量分析及其发展方向研究》[15]一文中提出了滚轧锥螺纹这一新工艺设想，在施工中只要把接头拧紧，就可以保证螺纹连接紧密，做到轴向拉、压加载无松动，无须关注过多的质量控制环节就会使钢筋接头满足 JGJ 107—2010 对接头残余变形量的控制要求。

4. 钢筋套筒灌浆连接工艺检验

钢筋套筒灌浆连接是从国外引进的一种新型钢筋连接方式，主要应用于装配式混凝土结构中预制柱、预制墙的竖向钢筋对接。也有水平钢筋对接，水平钢筋对接主要应用于预制构件钢筋连接及既有建筑与新建工程间的钢筋连接。灌浆套筒连接接头常用的钢筋强度为 400MPa、500MPa，根据 JGJ 355—2015《钢筋套筒灌浆连接应用技术规程》的要求，“灌浆施工前应进行工艺检验，应对不同钢筋生产企业的进场钢筋进行接头工艺检验，施工过程中，更换钢筋生产企业时，应补充工艺检验”。工艺检验试验方法依据 JGJ 107—2016《钢筋机械连接技术规程》。工艺检验每种规格钢筋应制作不少于 3 个对中套筒灌浆连接接头，进行抗拉强度和残余变形试验。现行标准删除了工艺检验的复检规则，工艺检验不合格时允许调整工艺后重新检验而不必按复检规则对待。

2.11.11.3　结语

（1）钢筋原材工艺性能检验主要包括弯曲性能和反向弯曲性能试验。

（2）钢筋焊接工艺试验主要指正式焊接前的拉伸和冷弯试验。

（3）钢筋机械连接工艺检验主要包括抗拉强度和残余变形指标。

（4）钢筋套筒灌浆连接是一种最新钢筋连接方式。

该文已经发表于《门窗》杂志，具体信息如下：

丁百湛，吴志球，王美芹．钢筋原材及连接件工艺性能检验[J]．门窗，2015（07）：58-59.

有时候读书是一种巧妙地避开思考的方法。

——赫尔普斯

2.11.12 关于 JGJ 145—2013《混凝土结构后锚固技术规程》的问题探讨

2.11.12.1 前言

JGJ 145—2013《混凝土结构后锚固技术规程》发布于 2013 年 6 月 9 日，于 2013 年 12 月 1 日起实施，是对 JGJ 145—2004 的修订。这次修订主要是：①增加了化学锚栓的产品性能、检验方法、施工工艺；②增加了群锚中锚栓使用及布置方式的规定和群锚合力及偏心距计算方法；③增加了基材附加内力计算方法和化学锚栓承载力计算方法；④增加了化学锚栓耐久性检验方法；⑤增加了后锚固工程质量检查记录表；⑥补充完善了群锚内力计算方法；⑦增加了机械锚栓承载力计算方法、锚栓构造措施、锚栓抗震设计、锚固施工与验收的有关内容；⑧增加了锚固承载力现场检验方法及评定标准。下面就学习 JGJ 145—2013《混凝土结构后锚固技术规程》的体会总结如下，不妥之处，敬请指正。

2.11.12.2 锚栓的分类

JGJ 145—2013 锚栓的分类与 JGJ 145—2004 有所不同，详见表 2.21。

表 2.21 JGJ 145—2013 与 JGJ 145—2004 锚栓的分类

序号	JGJ 145—2013	JGJ 145—2004
1	锚栓分为机械锚栓和化学锚栓	锚栓分为膨胀型锚栓、扩孔型锚栓、化学植筋以及其他类型锚栓
2	机械锚栓又分为两类：扩底型锚栓、膨胀型锚栓	膨胀型锚栓分为扭矩控制式锚栓和位移控制式锚栓； 扩孔型锚栓分为预扩孔普通锚栓和自扩孔专用锚栓
3	化学锚栓分为普通化学锚栓和特殊倒锥形化学锚栓	没有描述化学锚栓

从表 2.21 可以看出，新标准 JGJ 145—2013 明确了化学锚栓的分类。化学锚栓是指由金属螺杆和锚固胶组成，通过锚固胶形成锚固作用的锚栓。化学锚栓的材质有碳素钢、合金钢和奥氏体不锈钢。锚栓螺杆的弹性模量 E_s 可取为$2.0\times10^5\mathrm{N/mm^2}$。化学锚栓按照受力机理可分为普通化学锚栓和特殊倒锥形化学锚栓。特殊倒锥形化学锚栓在安装时通过锚固胶与倒锥形螺杆之间滑移可形成类似于机械锚栓的膨胀力。

2.11.12.3　植筋的不同

在 JGJ 145—2013 中第 3.4.1 条规定："用于植筋的钢筋应使用热轧带肋钢筋或全螺纹螺杆，不得使用光圆钢筋和锚入部位无螺纹的螺杆"。这一点与 JGJ 145—2004 的规定不同，应引起注意。详见表 2.22。从表 2.22 可以得知，植筋用钢筋宜选用 HRB400 热轧带肋钢筋，全螺纹螺杆应采用 Q345 级。不得使用光圆钢筋和无螺纹的螺杆，不提倡使用 HRB335 级热轧带肋钢筋和 Q235 钢螺杆。植筋宜仅承受轴向力并按照充分利用钢材强度设计值的计算模式进行设计。当考虑植筋承受剪力时，应按锚栓进行设计，并应满足锚栓的相应构造要求。另外，在植筋使用一段时间后必须进行检查，主要是因为胶粘剂不可避免地存在老化问题。检查时间的间隔由设计单位作出规定，第一次检查时间宜定为投入使用后的 6～8 年，且最迟不应晚于 10 年。

表 2.22　植筋要求的比较

序号	项目	JGJ 145—2013	JGJ 145—2004
1	定义不同	标准中 2.1.8：植筋：以专用的有机或无机胶粘剂将带肋钢筋或全螺纹螺杆种植于混凝土基材中的一种后锚固连接方法	标准中 2.1.5：化学植筋：以化学胶粘剂-锚固胶，将带肋钢筋及长螺杆等胶结固定于混凝土基材锚孔中的一种后锚固生根钢筋
2	材质不同	标准中 3.4.2：用于植筋的热轧带肋钢筋宜采用 HRB400 级 3.4.3：用于植筋的全螺纹螺杆钢材等级应为 Q345 级	标准中 3.2.4：化学植筋的钢筋及螺杆，应采用 HRB400 级和 HRB335 级带肋钢筋及 Q235 和 Q345 钢螺杆
3	胶粘剂不同	标准中 3.4.4：用于植筋的胶粘剂按材料性质可分为有机类和无机类，胶粘剂性能应符合现行行业标准《混凝土结构工程用锚固胶》JG/T 340 的相关规定 3.4.5：用于植筋的有机胶粘剂应采用改性环氧树脂类或改性乙烯基酯类材料，其固化剂不应使用乙二胺	标准中 3.3.1：化学植筋所用锚固胶的锚固性能应通过专门的试验确定 3.3.2：锚固胶按使用形态的不同分为管装式、机械注入式和现场配置式，应根据使用对象的特征和现场条件合理选用
4	植筋设计基本规定不同	标准中 4.2.1：承重构件的植筋锚固应在计算和构造上防止混凝土破坏及拔出破坏 4.2.2：植筋宜仅承受轴向力，应按照充分利用钢材强度设计值的计算模式根据现行国家标准《混凝土结构设计规范》GB 50010 进行设计 4.2.3：植筋的锚固胶性能应符合现行行业标准《混凝土结构工程用锚固胶》JG/T 340 的有关规定。安全等级为一级的后锚固连接植筋时应采用 A 级胶，安全等级为二级的后锚固连接植筋时可采用 B 级胶和无机类胶 4.3.2：对化学锚栓和植筋，应定期检查其工作状态，检查的时间间隔可由设计单位确定，但第一次检查时间不应迟于 10 年	标准中 4.1.4：满足锚固深度要求的化学植筋及螺杆，可应用于抗震设防烈度不大于 8 度之受拉、边缘受剪、拉剪复合受力之结构构件及非结构构件的后锚固连接

2.11.12.4 完善了锚固承载力现场检验方法及评定标准

JGJ 145—2013 对锚固承载力现场检验方法及评定标准进行了补充和完善，详见表 2.23。

表 2.23 锚固承载力现场检验方法及评定标准的比较

序号	项目	JGJ 145—2013	JGJ 145—2004
1	适用范围	标准中 C.1.3：后锚固件应进行抗拔承载力现场非破损检验，满足下列条件之一时，还应进行破坏性检验：1. 安全等级为一级的后锚固构件；2. 悬挑结构和构件；3. 对后锚固设计参数有疑问；4. 对该工程锚固质量有怀疑 C.1.4：受现场条件限制无法进行原位破坏性检验时，可在工程施工的同时，现场浇筑同条件的混凝土块体作为基材安装锚固件，并应按规定的时间进行破坏性检验，且应事先征得设计和监理单位的书面同意，并在现场见证试验	标准中 A.1.2：锚栓抗拔承载力现场检验可分为非破坏性检验和破坏性检验。对于一般结构及非结构构件，可采用非破坏性检验；对于重要结构构件及生命线工程非结构构件，应采取破坏性检验
2	抽样规则	标准中 C.2.1：锚栓质量现场检验抽样时，应以同品种、同规格、同强度等级的锚固件安装于锚固部位基本相同的同类构件为一检验批，并应从每一检验批所含的锚固件中进行抽样 C.2.2：现场破坏性检验宜选择锚固区以外的同条件位置，应取每一检验批锚固件总数的 0.1%且不少于 5 件进行检验。锚固件为植筋且数量不超过 100 件时，可取 3 件进行检验 C.2.3：现场非破损检验的抽样数量，应符合下列规定： 1. 锚栓锚固质量的非破损检验 a. 对重要结构构件及生命线工程的非结构构件，应按本标准表 C.2.3 规定的抽样数量对该检验批的锚栓进行检验； b. 对一般结构构件，应取重要结构构件抽样量的 50%且不少于 5 件进行检验； c. 对非生命线工程的非结构构件，应取每一检验批锚固件总数的 0.1%且不少于 5 件进行检验； 2. 植筋锚固质量的非破损检验 a. 对重要结构构件及生命线工程的非结构构件，应取每一检验批植筋总数的 3%且不少于 5 件进行检验； b. 对一般结构构件，应取每一检验批植筋总数的 1%且不少于 3 件进行检验； c. 对非生命线工程的非结构构件，应取每一检验批锚固件总数的 0.1%且不少于 3 件进行检验	标准中 A.2.1：锚固抗拔承载力现场非破坏性检验可采用随机抽样办法取样 A.2.2：同规格、同型号、基本相同部位的锚栓组成一个检验批。抽取数量按每批锚栓总数的 1‰计算，且不少于 3 根

续表

序号	项目	JGJ 145—2013	JGJ 145—2004
3	设备要求	标准中 C. 3. 1：现场检测用的加荷设备，可采用专门的拉拔仪，应符合下列规定： 1. 设备的加荷能力应比预计的检验荷载值至少大 20%，且不大于检验荷载的 2.5 倍，应能连续、平稳、速度可控地运行； 2. 加载设备应能够按照规定的速度加载，测力系统整机允许偏差为全量程的±2%； 3. 设备的液压加荷系统持荷时间不超过 5min 时，其降荷值不应大于 5%； 4. 加载设备应能够保证所施加的拉伸荷载与后锚固构件的轴线一致； 5. 加载设备支撑环内径 D_0应符合下列规定： a. 植筋：D_0不应小于 12d 和 250mm 的较大值； b. 膨胀型锚栓和扩底型锚栓：D_0不应小于 5h_{ef}； c. 化学锚栓发生混合破坏和钢材破坏时，D_0不应小于 12d 和 250mm 的较大值； d. 化学锚栓发生混凝土锥体破坏时，D_0不应小于 4h_{ef}	标准中 A. 3. 1：现场检验用的仪器、设备。如拉拔仪、x-y 记录仪、电子荷载位移测量仪等，应定期检定 A. 3. 2：加荷设备应能按规定的速度加荷，测力系统整机误差不应超过全量程的±2%
4	加载方式	标准中 C. 4. 2：进行非破损检验时，施加荷载应符合下列规定： 1. 连续加载时，应以均匀速率在 2～3min 的时间内加载至设定的检验荷载，并持荷 2min； 2. 分级加载时，应将设定的检验荷载均分为 10 级，每级持荷 1min，直至设定的检验荷载，并持荷 2min； 3. 荷载检验值应取 0.9$f_{yk}A_s$和 0.8N_{Rk}的较小值 C. 4. 3：进行破损检验时，施加荷载应符合下列规定： 1. 连续加载时，对锚栓应以均匀速率在 2～3min 时间内加荷至锚固破坏，对植筋应以均匀速率在 2～7min 时间内加荷至锚固破坏； 2. 分级加载时，前 8 级，每级荷载增量应取 0.1N_u，且每级持荷 1～1.5min；自第 9 级起，每级荷载增量应取为 0.05N_u，且每级持荷 30s，直至锚固破坏	未区分非破损检验和破坏检验的加载方法

续表

序号	项目	JGJ 145—2013	JGJ 145—2004
5	检验结果评定	标准中C.5.1非破损检验的评定，应按下列规定进行： 1. 试样在持荷期间，锚固件无滑移、基材混凝土无裂纹或其他局部损坏迹象出现，且加载装置的荷载示值在2min内无下降或下降幅度不超过5%的检验荷载时，应评定为合格； 2. 一个检验批所抽取的试样全部合格时，该检验批应评定为合格检验批； 3. 一个检验批中不合格的试样不超过5%时，应另抽3根试样进行破坏性检验，若检验结果全部合格，该检验批仍可评定为合格检验批； 4. 一个检验批中不合格的试样超过5%时，该检验批应评定为不合格，且不应重做检验 C.5.5：当检验结果不满足第C.5.1条、第C.5.2条、第C.5.3条、第C.5.4条的规定时，应判定该检验批后锚固连接不合格，并应会同有关部门根据检验结果，研究采取专门措施处理	标准中A.5.1：非破坏性检验荷载下，以混凝土基材无裂缝、锚栓或植筋无滑移等宏观裂损现象，且2min持荷期间荷载降低不大于5%时为合格。非破坏性检验为不合格时，应另抽不少于3个锚栓做破坏性检验判断

从表2.23可以得知，后锚固件进行抗拔承载力检验，分为破坏性检验和非破坏性检验，同时还涉及后锚固连接安全等级的划分、生命线和非生命线工程、重要结构构件，一般结构构件和非结构构件等概念，这些概念需做说明和解释。

首先，是后锚固连接安全等级按照JGJ 145—2013中4.3.3条分一级和二级，一级是锚固类型为重要的锚固，所谓重要的锚固，是指后接大梁、悬臂梁、桁架，以及大偏心受压柱等结构构件及生命线工程中非结构构件之锚固连接，这些连接一旦失效，破坏后果严重，故定为一级。锚固连接的安全等级宜与新增的被连接结构的安全等级相应或略高，即锚固设计的安全等级及取值，应取被连接结构和锚固连接二者中的较高值。

其次，生命线工程主要是指维持城市生存功能系统和对国计民生有重大影响的工程，主要包括供水、排水系统的工程；电力、燃气及石油管线等能源供给系统的工程；电话和广播电视等情报通信系统的工程；大型医疗系统的工程以及公路、铁路等交通系统的工程。

最后，非结构构件包括建筑非结构构件（如围护外墙、隔墙、幕墙、吊顶、广告牌、储物柜架等）及建筑附属机电设备的支架（如电梯、照明和应急电源、通信设备、管道系统、采暖和空调系统、烟火监测和消费系统、公用无线等）等。

对于常见的非生命线工程的非结构构件，如住宅楼拉结筋应取每一检验批植筋总数的 0.1%且不少于 3 件进行非破损检验。当一个检验批中不合格的试样不超过 5%时，应另抽 3 根试样进行破坏性检验。比如某住宅楼七层至十二层共有 3000 根直径为 6mm 的拉结筋，其牌号为 HRB400，按 0.1%且不少于 3 件抽检，正好抽 3 根检验，其中有 1 根不合格，其不合格试样比例为 1/3=33%>5%，则判该批拉结筋不合格。

在 JGJ 145—2013 的 C.3.1 条中，要求“设备的加荷能力应比预计的检验荷载值至少大 20%，且不大于检验荷载的 2.5 倍”。那么对于不同检验荷载则要不同量程的拉拔仪，详见表 2.24。通过表 2.24，可以得知要满足不同锚栓拉拔的要求，就必须有不同量程的设备，那么建议厂家生产的锚杆拉拔仪就像万能试验机一样，一台设备有几个量程。如 50kN、100kN、200kN 和 300kN 四个挡位，则这样可以满足检验荷载在 20～120kN 数值的要求；同理，若有一台锚杆拉拔仪的量程有 5kN、10kN、15kN、20kN 和 30kN 五个挡位，则这一台设备可以满足检验荷载在 2～19kN 的检验要求。

表 2.24　不同检验荷载所需的设备量程

序号	检验荷载 (kN)	检验荷载的 1.2 倍 (kN)	检验荷载的 2.5 倍 (kN)	所需设备量程 (kN)
1	2	2.4	5	5
2	3	3.6	7.5	5
3	4	4.8	10	10
4	5	6	12.5	10
5	6	7.2	15	15
6	7	8.4	17.5	15
7	8	9.6	20	15
8	9	10.8	22.5	15
9	10	12	25	20
10	11	13.2	27.5	20
11	12	14.4	30	30
12	13	15.6	32.5	30
13	14	16.8	35	30
14	15	18	37.5	30
15	16	19.2	40	30
16	17	20.4	42.5	30
17	18	21.6	45	30
18	19	22.8	47.5	30

续表

序号	检验荷载（kN）	检验荷载的1.2倍（kN）	检验荷载的2.5倍（kN）	所需设备量程（kN）
19	20	24	50	50
20	25	30	62.5	50
21	30	36	75	50
22	35	42	87.5	50
23	40	48	100	100
24	45	54	112.5	100
25	50	60	125	100
26	55	66	137.5	100
27	60	72	150	100
28	65	78	162.5	100
29	70	84	175	100
30	75	90	187.5	100
31	80	96	200	200
32	85	102	212.5	200
33	90	108	225	200
34	95	114	237.5	200
35	100	120	250	200
36	105	126	262.5	200
37	110	132	275	200
38	115	138	287.5	200
39	120	144	300	300

2.11.12.5 JGJ 145—2013与GB 50203—2011《砌体结构工程施工质量验收规范》的区别

在GB 50203—2011《砌体结构工程施工质量验收规范》第9.2.3条对化学植筋实体检验规定其轴向受拉非破坏承载力检验值应为6.0kN，此值是以植筋为6mm HPB235光圆钢筋的屈服强度标准值乘以0.90得到的。而在JGJ 145—2013中取消了此种钢筋，不应再以此作为植筋合格的依据。另外GB 50203—2011中，化学植筋批量划分较小，样本容量较大。例如检验批容量为501～1200根时，其最小样本容量为32根，与JGJ 145—2013中的0.1%，其样本只有0.5～1.2根，取整为1～2根相比要多得多。检测时，检测人员应明确检测抽样依据，不能混淆。

2.11.12.6 建议

（1）在JGJ 145—2013的第3.4.3条中，明确全螺纹螺杆钢材等级应为Q345级，那么其质量就应符合《低合金高强度结构钢》GB/T 1591—2008，而不应符合《碳素结构钢》GB/T 700—2006 的规定。因为 GB/T 700—2006 没有 Q345 级钢材，建议条文中取消符合《碳素结构钢》GB/T 700—2006 的规定。

（2）在 JGJ 145—2013 的第 4.3.2 条规定对化学锚栓和植筋，应定期检查其工作状态。但标准中并未说明具体检查方法。建议以后修订时能够明确，以便于检测人员操作，实际许多工程植筋使用年限已接近或超过 10 年，但一般均未有建设单位或使用人提出需要检查。

（3）在 JGJ 145—2013 的 C.5.1 条中，非破损检验的评定第 4 款规定："一个检验批中不合格的试样超过 5%时，该检验批应评定为不合格，且不应重做检验。"这一规定对重要结构构件和一般结构构件适用，因为它们抽取的样本数量较大，而对于非生命线工程的非结构构件只抽取 0.1%且不少于 3 件，其要求似乎过严，例如一批有 3000 件，按 0.1%比率抽应抽 3 件样品，若检验有 1 件不合格，按此条款则判该批不合格。感觉错判风险较高，若按 JGJ 145—2004 的规定则可以另抽 3 件进行破坏性检验。此条款值得商榷。

2.11.12.7　结语

（1）JGJ 145—2013 增加了化学锚栓的定义，明确了植筋不能使用光圆钢筋和锚入部位无螺纹的螺杆。植筋宜采用 HRB400 级，螺杆应为 Q345 级。

（2）锚栓和植筋现场检测抽检数量与构件的重要程度和是否为生命线工程的非结构构件相关，其数量有较大差别。同时植筋抽样数量与 GB 50203—2011 相比少了很多。

（3）建议对使用接近 10 年的化学锚栓和植筋规定检查方法。

该文发表于《砖瓦》杂志，具体信息如下：

丁百湛，孙明，金岭．关于 JGJ 145—2013《混凝土结构后锚固技术规程》的问题探讨[J]. 砖瓦，2015(09)：81-86.

> **阅读一切好书如同和过去最杰出的人谈话。**
>
> ——笛卡儿

2.11.13　2016 版《普通混凝土拌合物性能试验方法标准》浅析

GB/T 50080—2016《普通混凝土拌合物性能试验方法标准》于 2016 年 8 月 18 日发布，2017 年 4 月 1 日实施，与原标准 GB/T 50080—2002 相比，主要是增加了术语和符号以及基本规范，同时增加了坍落度经时损失和扩展度经时损失试验方法等 9 个试验方法，修订完善了坍落度试验方法等 5 个试验方法，并删除了原标准的配合比分析试验方法。下面就此标准谈一些体会，不妥之处，敬请指正。

2.11.13.1 新增的术语和符号

GB/T 50080—2016 新增了术语和符号，详见表 2.25。

表 2.25 GB/T 50080—2016 新增的术语和符号

序号	术语	术语定义	符号及解释	关注点
1	普通混凝土	干表观密度为 2000 ～ 2800kg/m³ 的混凝土	ρ 为混凝土拌合物表观密度； ρ_m 为混凝土砂浆拌合物表观密度； ρ_{max} 为先后出机取样混凝土砂浆拌合物表观密度的大值； DR_ρ 为混凝土砂浆密度偏差率	普通混凝土的定义与使用混凝土强度或耐久性能的不同
2	坍落度	混凝土拌合物在自重作用下坍落的高度	H_0 为出机时的混凝土拌合物的初始坍落度； H_{60} 为混凝土拌合物静置 60min 后的坍落度	注意符号 H_0、H_{60} 表达的含义
3	扩展度	混凝土拌合物坍落后扩展的直径	L_0 为出机时的混凝土拌合物的初始扩展度值； L_{60} 为混凝土拌合物静置 60min 后的扩展度值	关注符号 L_0、L_{60}
4	泌水、压力泌水	混凝土拌合物析出水分的现象；混凝土拌合物在压力作用下的泌水现象	B_a 为单位面积混凝土拌合物的泌水量； V_{10} 为加压至 10s 时的泌水量； V_{140} 为加压至 140s 时的泌水量； B 为泌水率； B_V 为压力泌水率	关注符号 B_a 和 B_V 的区别
5	扩展时间	混凝土拌合物坍落后扩展直径达到 500mm 所需的时间	$t_{sf,m}$ 为两次试验测得的倒置坍落度筒中混凝土拌合物排空时间的平均值	倒置坍落度筒排空试验主要用于高压混凝土
6	绝热温升	混凝土在绝热状态下，由胶凝材料水化导致的温度升高	θ_n 为 n 天龄期混凝土的绝热温升值	绝热温升试验为新增方法，主要是测量混凝土本身放热能力
7	抗离析性	混凝土拌合物中各种组分保持均匀分散的性能	SR 为混凝土拌合物离析率	该试验方法主要用于测试自密实混凝土的抗离析性能，对于大流态混凝土拌合物的抗离析性能也可借鉴采用

续表

序号	术语	术语定义	符号及解释	关注点
8	间隙通过性 J 环	混凝土拌合物均匀通过间隙的性能	间隙通过性用混凝土扩展度与 J 环扩展度的差值表示	常用于自密实混凝土拌合物性能的测试，此处用的坍落度筒不带脚踏板，且应正放
9	稠度	表征混凝土拌合物流动性的指标，可用坍落度、维勃稠度或扩展度表示	H 为坍落度，L 为扩展度，维勃稠度用时间表示，精确至 1s	混凝土拌合物稠度的表示方法有三种

2.11.13.2　新增的基本规定

对骨料的最大公称粒径、试验环境、材料、设备的温度及设备标准等做出规定。对试验环境相对湿度要求不宜小于 50%，之前的标准未做规定。

实验室搅拌混凝土时，要求骨料的称量精度为±0.5%，水泥、掺合料、水、外加剂等的称量精度均为±0.2%，比之前的标准提高了要求（原来称量精度骨料为±1%、水泥等为±0.5%），在检测报告中应反映试验的环境温度、湿度，原材料的品种、规格、产地及性能指标及混凝土的配合比和每盘混凝土的材料用量。

2.11.13.3　新增的试验方法

新增的试验方法主要包括坍落度经时损失和扩展度经时损失等 10 种方法，详见表 2.26。

表 2.26　GB/T 50080—2016 新增的试验方法

序号	新增的试验方法	使用范围	需要的仪器设备	备注
1	坍落度经时损失试验	宜用于骨料的最大公称粒径不大于 40mm，坍落度不小于 10mm 的混凝土拌合物随静置时间的变化	1. 坍落度仪； 2. 1500mm×1500mm(≥3mm)的钢板； 3. 计时器	静置时间可根据工程要求进行调整，静置后需再次搅拌 20s 进行坍落度测试
2	扩展度经时损失试验	宜用于骨料的最大公称粒径不大于 40mm、坍落度不小于 160mm 混凝土扩展度的测定，适用于大流动性混凝土的测试	设备同上	静置时间可根据工程要求进行调整，静置后需再次搅拌 20s 进行扩展度测试

续表

序号	新增的试验方法	使用范围	需要的仪器设备	备注
3	倒置坍落度筒排空试验	主要用于高强混凝土的排空试验	1. 坍落度仪，其小口端应设置可快速开启的密封盖； 2. 钢板同坍落度试验的要求； 3. 秒表精度不低于 0.01s	—
4	间隙通过性试验	宜用于骨料的最大公称粒径不大于 20mm 的混凝土拌合物间隙通过性，如自密实混凝土	1. J 环 300mm×25mm×100mm 2. 不带踏板的坍落度筒； 3. 钢直尺，精度 1mm	坍落度筒应正向放置在底板中心，间隙通过性性能指标以混凝土扩展度与 J 环扩展度的差值作为结果
5	漏斗试验	宜用于骨料的最大公称粒径不大于 20mm 的混凝土拌合物稠度和填充性的测定，主要用于自密实混凝土拌合物性能的测试	1. 漏斗 V 形出料口应附设快速开启的密封盖，出料口尺寸为 65mm； 2. 支承台架； 3. 盛料容器容积不应小于 12L； 4. 秒表精度不应低于 0.1s	混凝土拌合物从漏斗中应连续流出，混凝土出现堵塞状况应重新试验，再次出现堵塞状况，应记录说明
6	扩展时间试验	宜用于混凝土拌合物稠度和填充性的测定，主要用于自密实混凝土	1. 坍落度仪； 2. 底板，尺寸不小于 1000mm×1000m，并在平板表面标出直径 200mm、300mm、500mm、600mm、700mm、800mm 和 900mm 的同心圆； 3. 盛料容器不小于 8L； 4. 秒表精度不低于 0.1s	扩展时间自坍落度筒提离地面时开始，至扩展开的混凝土拌合物外缘初触平板上所绘直径 500mm 的圆周为止
7	均匀性试验	用于混凝土拌合物均匀性的测试，分为砂浆密度法和混凝土稠度法	1. 砂浆密度法：砂浆容量筒 1L；电子天平 5kg、1g；混凝土振动台；方孔筛，筛孔直径 5.00mm。 2. 混凝土稠度法 1）坍落度仪；2）钢尺；3）维勃稠度仪	砂浆密度法用混凝土砂浆密度偏差中 DR_{ρ} 来评定混凝土拌合物的均匀性；混凝土稠度法用先后出机取样的混凝土拌合物的稠度差比作为评定的依据，ΔH、ΔL 或 Δt_V

续表

序号	新增的试验方法	使用范围	需要的仪器设备	备注
8	抗离析性能试验	可用于混凝土拌合物抗离析性能的测定，主要适用于自密实混凝土	1. 电子天平，20kg、1g； 2. 方孔筛，5.0mm； 3. 盛料容器、上、下两节208mm×294mm（上节为 60mm）	—
9	温度试验	可用于混凝土拌合物温度的测定，主要用于大体积混凝土的测试	1. 试验容器：容量不应小于10L； 2. 温度测试仪 0～80℃，精度不应小于 0.1℃； 3. 振动台	—
10	绝热温升试验	可用于在绝热温升下混凝土在水化过程中温度变化的测定，主要用于大体积混凝土的测试	1. 绝热温升试验装置； 2. 温度控制记录仪（0～100℃），精度不应小于 0.05℃	试验原本材料在(20±2)℃条件下放置24h

表 2.27 GB/T 50080—2016 修改完善的试验方法

序号	方法名称	主要修改完善的内容
1	坍落度试验方法	1. 修订增加了坍落度的时间，当试样不再继续坍落或坍落时间达 30s 时测定其坍落度值； 2. 修订了坍落度筒提离过程的时间要求，由原标准中 5～10s 改为 3～7s（缩短试验时间）
2	扩展度试验方法	1. 修订当混凝土拌合物不再扩散或扩散持续时间已达 50s 时测定扩展度； 2. 测量混凝土扩展后最终的最大直径以及与最大直径是垂直方向的直径，不是原标准“测量扩展度最大直径和最小直径”； 3. 明确扩展度试验整个过程应连续进行，并应在 4min 内完成
3	压力泌水试验方法	1. 将原标准中“使拌合物表面低于容器口以下约 30mm 处”修订为“捣实的混凝土拌合物表面应低于压力泌水仪缸体筒口（30±2）mm”； 2. 明确了压力泌水仪安装完毕后应在 15s 以内给混凝土拌合物试样加压至 3.2MPa，并在 2s 内打开泌水阀门，同时开始计时，并保持恒压，加压至 10s 时，读取泌水量 V_{10}（前 10s 的测量结果易于波动，需严格控制加压时间）
4	含气量试验方法	1. 含气量测量仪符合 JG/T 246—2009《混凝土含气量测定仪》的要求； 2. 混凝土骨料含气量两次测量相差不大于 0.2%改为不大于 0.5%； 3. 混凝土拌合物的密实方法按坍落度值是否大于 90mm 来选用振动台密实或人工插捣密实； 4. 含气量测量仪的标定和率定称量精确至 10g，增加含气量为 9%、10%时对应的压力值

2.11.13.4 修改完善的试验方法

GB/T 50080—2016修改完善了坍落度试验方法、扩展度试验方法、压力泌水试验方法和含气量试验方法，详见表2.27。

需要注意的是，压力泌水试验时，规定加压至3.2MPa是指混凝土试样所承受压力值，而并非压力表读数值，混凝土试样所受压力值3.2MPa对应的压力表读数需根据仪器说明书要求确定。例如SY-2型混凝土压力泌水仪对应混凝土试样3.2MPa时压力表读数应为31.88MPa。因为压力泌水仪中与混凝土接触的工作活塞直径为$d_1=125$mm，而工作油缸活塞直径$d_2=39.6$mm。根据力的传递$F_1=F_2$，可得$P_2=P_1S_1/S_2=3.2\times1252/39.62=31.88$MPa，约等于32MPa，是规定压力的10倍，所以压力表量程为60MPa。另外GB/T 50080—2016中还删除原标准中关于配合比分析试验方法，这是因为配合比分析试验时用水洗分析法测定普通混凝土拌合物中四大组分（水泥、水、砂、石）的含量，而新标准中“普通混凝土”定义为干表观密度为2000～2800kg/m^{3}的混凝土，并且现在的混凝土多为商品混凝土，其中的胶凝材料、拌合物及外加剂使用较多，难以用简单的水洗法分析清楚。

2.11.13.5 GB/T 50080—2016试验方法通用范围和主要设备变化

（1）GB/T 50080—2016共列举了16种试验方法，其中倒置坍落度筒排空试验用于高强混凝土检测，间隙通过性试验、漏斗试验、扩展时间试验和抗离析性能试验适用于自密实混凝土检测，温度试验和绝热温升试验适用于大体积混凝土检测。

（2）坍落度仪应符合JG/T 248—2009《混凝土坍落度仪》的要求，坍落度筒分为带脚踏板、不带脚踏板和小口端带密封盖板等三种，使用称量天平精度、秒表精度均比原标准要求要高。漏斗、J环、抗离析性能试验用盛料器、温度测试仪、绝热温升试验装置和温度控制记录仪为新增试验用设备，检测人员应予以关注。

2.11.13.6 结语

（1）GB/T 50080—2016新增了普通混凝土、间隙通过性等12个术语。

（2）GB/T 50080—2016新增了倒置坍落度筒排空试验、间隙通过性试验等10种试验方法。

（3）新增了一些仪器设备，其中称量设备、计时设备精度均有所提高，同时原材料的称量精度也有所提高。

（4）压力泌水试验时加压至3.2MPa，是指混凝土试样所受压力值，不是压力表读数值，可能是其10倍，需根据仪器说明书确定压力表读数。

该文发表于《墙材革新与建筑节能》杂志，具体信息如下：

丁百湛，李治君．2016版《普通混凝土拌合物性能试验方法标准》浅析[J]．墙材革新与建筑节能，2017（8）：65-67.

未觉池塘春草梦，阶前梧叶已秋声。

——朱熹

2.11.14　混凝土多孔砖抗压强度测量结果的不确定度评定

2.11.14.1　引言

混凝土多孔砖是一种新型墙体材料，近几年在浙江、上海、江苏、福建、湖北、湖南等省、直辖市有较快的发展。特别是 GB/T 25779—2010《承重混凝土多孔砖》标准从 2011 年 11 月 1 日实施以来，在各地应用较快，符合建筑节能的要求，是一种值得推广应用的墙体材料。

本文通过对混凝土多孔砖抗压强度的评定，找出引起测量结果不确定度的主要来源并加以分析，为提高检测水平提供依据。

2.11.14.2　测量过程

测量对象：混凝土多孔砖抗压强度

测量依据：GB/T 25779—2010《承重混凝土多孔砖》

测量仪器：Y-2000 电子液压式压力机（测量范围 0～2000kN，准确度等级 1 级）、钢板尺（量程 500mm，分度值 1mm）

测量环境：温度（20±2）℃

测量方法：根据标准，采用尺寸偏差和外观质量合格的一批砖中抽取 10 块试样，受压面抹浆，养护 3d 后，测长度和宽度，计算受压面积，试样加压直至破坏并记录荷载，计算抗压强度，以 10 块试样的平均值作为测量结果，同时单块最小值也应符合标准要求。

2.11.14.3　数学模型

抗压强度的函数关系：

$$R=\frac{P}{LB}$$

式中　R——试件的抗压强度（MPa）；

P——破坏荷载（N）；

L——质面的长度（mm）；

B——质面的宽度（mm）。

则

$$u_{crel}^2(R)=u_{rel}^2(P)+u_{rel}^2(L)+u_{rel}^2(B)$$

$$u_{rel}^2(P)=u_{rel}^2(x_1)+u_{rel}^2(x_2)$$

$$u_{rel}^2(L)=u_{rel}^2(x_3)+u_{rel}^2(x_4)$$

$$u_{rel}^2(B)=u_{rel}^2(x_5)+u_{rel}^2(x_6)$$

式中　$u_{rel}(x_1)$——重复测量破坏荷载引起的不确定度；

$u_{rel}(x_2)$ ——试验机方法误差引起的不确定度；
$u_{rel}(x_3)$ ——重复测量长度引起的不确定度；
$u_{rel}(x_4)$ ——钢板尺寸值误差引起的不确定度；
$u_{rel}(x_5)$ ——重复测量宽度引起的不确定度；
$u_{rel}(x_6)$ ——钢板尺寸值误差引起的不确定度。

取10块试样，每块砖长度、宽度各测量一次，取其平均值为测量结果，再试压。其结果如表2.28所示。

表2.28 混凝土多孔砖抗压结果

测量次数	试样长度 L (mm)	试样宽度 B (mm)	破坏荷载 P (kN)	抗压强度 (MPa)
1	240	115	357	12.9
2	239	116	436	15.7
3	240	117	302	10.8
4	240	115	288	10.4
5	239	116	321	11.6
6	238	115	301	11.0
7	239	117	322	11.5
8	240	118	340	12.0
9	240	115	362	13.1
10	240	115	359	13.0
平均值	240	116	359	12.2

2.11.14.4 标准不确定度评定

(1) $u_{rel}(x_1)$ 的评定

$$P=\frac{\sum_{i=1}^{10}P_i}{10}=339\text{kN}$$

$$S(P_i)=\sqrt{\frac{\sum_{i=1}^{10}(P_i-P)^2}{10-1}}=43.06\text{kN}$$

$$S(P)=\frac{S(P_i)}{\sqrt{10}}=13.62\text{kN}$$

$$u_{rel}(x_1)=\frac{u(x_1)}{P}=\frac{S(P)}{P}=\frac{13.62}{339}\times100\%=4.02\%$$

(2) $u_{rel}(x_2)$ 的评定

由试验机准确度等级引起的不确定度服从均匀分布 $R=\sqrt{3}$

$$u_{rel}(x_2)=\frac{1\%}{\sqrt{3}}=0.58\%$$

(3) u_{rel} (x_3) 的评定

$$L=\frac{\sum_{i=1}^{10}L_i}{10}=240\text{mm}$$

$$S(L_i)=\sqrt{\frac{\sum_{i=1}^{10}(L_i-L)^2}{10-1}}=0.71\text{mm}$$

$$S(L)=\frac{S(L_i)}{\sqrt{10}}=0.22\text{mm}$$

$$u_{rel}(x_3)=\frac{u(x_3)}{L}=\frac{S(L)}{L}=\frac{0.22}{240}\times100\%=0.09\%$$

(4) u_{rel} (x_4) 的评定

由钢板尺寸值误差引起的不确定度服从均匀分布 $k=\sqrt{3}$

$$u_{rel}(x_4)=\frac{u(x_4)}{L}=\frac{\frac{1}{\sqrt{3}}}{240}\times100\%=0.24\%$$

(5) u_{rel} (x_5) 的评定

$$B=\frac{\sum_{i=1}^{10}B_i}{10}=116\text{mm}$$

$$S(B_i)=\sqrt{\frac{\sum_{i=1}^{10}(B_i-B)^2}{10-1}}=1.10\text{mm}$$

$$S(B)=\frac{S(B_i)}{\sqrt{10}}=0.35\text{mm}$$

$$u_{rel}(x_5)=\frac{u(x_5)}{B}=\frac{S(B)}{B}=\frac{0.35}{116}\times100\%=0.30\%$$

(6) u_{rel} (x_6) 的评定

钢板尺寸值误差引起的不确定度，同 u (x_4)

$$u_{rel}(x_6)=\frac{u(x_6)}{B}=\frac{u(x_4)}{B}=\frac{\frac{1}{\sqrt{3}}}{116}\times100\%=0.50\%$$

2.11.14.5　合成标准不确定

$$\therefore u_{rel}(R)=\sqrt{u_{rel}^2(x_1)+u_{rel}^2(x_2)+u_{rel}^2(x_3)+\cdots+u_{rel}^2(x_6)}$$

$$=\sqrt{(4.02\%)^2+(0.58\%)^2+(0.099\%)^2+(0.24\%)^2+(0.3\%)^2+(0.50\%)^2}$$

$$=4.11\%$$

根据 JJF 1059.1—2012《测量不确定度评定与表示》4.5 条，取 $k=2$，$U=ku_{crel}(R)=8.22\%$。

2.11.14.6 结论

经检测，该批混凝土多孔砖的抗压强度为 12.2（1±8.22%）MPa，$k=2$。

通过对混凝土多孔砖抗压强度的评定，可以看出影响测量结果的主要因素是破坏荷载 P，其次是试验机本身的准确度等级。因此，在排除人为操作影响因素的前提下，应选择合适的试验机并定期检定，以保证检测结果的准确性。

该文已经发表于《砖瓦》，具体信息如下：

丁百湛，季柳红．混凝土多孔砖抗压强度测量结果的不确定度评定［J］．砖瓦，2006（05）：65-66.

谁和我一样用功，谁就会和我一样成功。

——莫扎特

2.11.15 混凝土抗压强度测量不确定度评定

2.11.15.1 引言

混凝土立方体抗压强度试验是施工企业保证混凝土工程质量的重要手段之一。它适用于建筑、水利、交通等相关行业检测混凝土质量，可谓面广量大。随着实验室认可和计量认证要求的提高，检测实验室都要开展检验项目的不确定度评定[16]。我们通过学习有关测量不确定度的评定规范，结合工作实践，开展了混凝土抗压强度的不确定度评定，下面就此作一简单介绍。

2.11.15.2 测量过程

测量对象：混凝土立方体试件的抗压强度。

测量依据：GB/T 50081—2019《混凝土物理力学性能试验方法标准》

测量仪器：Y-2000 电子液压式压力试验机［测量范围（0～2000）kN，准确度等级为 1 级］。

钢板尺（量程 500mm，分度值 1mm）

测量环境：温度（20±2)℃

测量方法：利用搅拌站同一批混凝土原料混凝土立方体试件，边长为 100mm 的立方体，共 10 组，每组 3 块，在标准养护条件下养护 28d 进行试压，试压前需测量其后面边长，以 0.5MPa/s 的速度继续均匀地加荷，直至破坏。然后记录破坏荷载，计算抗压强度，以三个试件测值的算术平均值作为该组试件的强度值（精确至 0.1MPa）。

数学模型：

$$f_{cc}=\frac{F}{A}\times 0.95$$

式中　f_{cc}——混凝土立方体试件抗压强度（MPa）；

F——试件破坏荷载（N）；

A——试件承压面积（mm^2）；

0.95——尺寸换算系数：$A=a\times b$；

a、b——试件承压面边长，（100±1）mm。

2.11.15.3　测量不确定度分量[17]

1. 荷载引入的测量不确定度分量 u_{rel}（F）

由压力试验机引入的测量不确定度分量：Y-2000 电子压力试验机准确度为 1 级，其引起的不确定度服从均匀分布，$k=\sqrt{3}$。相对不确定度为：$u_{rel}(x_1)=\frac{1\%}{\sqrt{3}}=0.58\%$。

人员读数误差引入的测量不确定分量：因 Y-2000 电子压力试验机采用数据自动采集系统，故此项不予考虑。

加荷速度引入的测量不确定度分量：因加荷速度可以设定定值均匀加荷，满足 GB/T 50081—2002 规定的要求 0.5～0.8MPa/s（不小于 C30 的混凝土），故此项可忽略。

所以　$$u_{rel}(F)=u_{rel}(x_1)=0.58\%$$

2. 试件截面尺寸偏差引入的测量不确定度分量 u_{rel}（A）

截面边长 a（b）=（100±1）mm，其数值在允差范围内呈均匀分布。

所以　$$u_{rel}(a)=\frac{1\%}{\sqrt{3}}=0.58\%$$

因试件截面边长这两个不确定度分量彼此无相关关系，所以试件截面尺寸偏差引入的相对不确定度分量：

$$u_{rel}(A)=\sqrt{u_{rel}^2(a)+u_{rel}^2(b)}=0.82\%$$

3. 检验结果的重复性引入的测量不确定度分量 u_{rel}（r）

用同一混凝土原料制作 10 组试件，每组 3 块。在同样标准条件下养护 28d，由同一批人用同一台机器试压。其结果汇总如表 2.29 所示。

实际检测时，以 3 块试件平均值表示检测结果，因此取 $n=3$，假设检测某组试块平均值为 37.0MPa，则：

$$u(r)=s(f)=\frac{S_p}{\sqrt{3}}=0.36\text{MPa}$$

$$u_{rel}(r)=\frac{u(r)}{f}=\frac{0.36}{37.0}=0.97\%$$

表 2.29　混凝土抗压强度试验结果（强度已乘 0.95 修正）

组别试件号	m_1	m_2	m_3	m_4	m_5	m_6	m_7	m_8	m_9	m_{10}
n_1	36.3	38.2	36.9	37.2	36.8	37.0	37.4	38.2	37.0	37.6
n_2	35.9	37.1	38.3	36.7	37.9	36.2	36.8	37.1	36.4	36.6
n_3	37.3	38.1	37.9	36.5	37.8	36.3	36.3	37.8	37.9	38.0
单组均值	36.5	37.8	37.7	36.6	37.5	36.5	37.2	37.7	37.1	37.4
总体均值	37.2MPa				合并样本标准偏差	$S_p=\sqrt{\frac{\sum_{j=1}^{10}\sum_{k=1}^{3}(f_{jk}-f)^2}{m(n-1)}}=0.629\text{MPa}$ $k=1,2,3(n);j=1,2,\cdots,10(m)$				

4. 数据修约引入的测量不确定度分量[18] u_{rel}（x_2）

按 GB/T 50081—2019 混凝土抗压强度结果精确至 0.1MPa，结果公差出现在 0.1MPa 范围的任何值是等概率的，所以其半宽为 0.1/2=0.05MPa。

$$u_c(x_2)=\frac{0.05}{\sqrt{3}}=0.03\text{MPa}$$

$$u_{rel}(x_2)=\frac{0.03}{37.2}=0.08\%$$

由于材料的不同，成型、养护的温湿度、人员等变化引入的不均匀性所引入的测量不确定度分量，因试验操作采用同种材料、同一批人在标准条件下进行，所以由上述各项引入的测量不确定度可以忽略不计，详见表 2.30。

表 2.30　不确定度分量一览表

序号	不确定度来源	相对标准不确定度
1	压力试验机	0.58%
	分辨力	0
	加荷速度	0
2	截面尺寸偏差	0.82%
3	检验结果重复性	0.97%
4	数据修约	0.08%
5	材料不均匀性，养护人员等引起的不均匀性	0

合成标准不确定度 u_{crel}

$$u_{crel}=\sqrt{u_{rel}^2(F)+u_{rel}^2(A)+u_{rel}^2(r)+u_{rel}^2(x_2)}$$

$$=\sqrt{(0.58\%)^2+(0.82\%)^2+(0.97\%)^2+(0.08\%)^2}=1.40\%$$

扩展不确定度 U_{rel}

选择包含因子 $k=2$，则相对扩展不确定度：

$$U_{rel} = 2 \times u_{crel} = 2.8\%$$

不确定度报告[19]

混凝土抗压强度测量结果为：f_{cc}=37.0MPa，k=2，U_{rel}=2.8%。

2.11.15.4 结束语

通过对混凝土抗压强度测量不确定度的评定，可以找出影响混凝土抗压强度的主要因素是检测的重复性、试件截面尺寸偏差及试验机的精度，对于检测实验室、压力机性能相对稳定，试件截面尺寸偏差也在定值范围之内，检测人员也相对固定的测量过程，主要考虑检测重复性的影响因素。如果委托单位提供与不确定度评定时抗压强度相近的混凝土，则可以利用本文确认不确定度的方法来评定来样的不确定度，具有实际意义。对于抗压强度不同的混凝土试件，则应另外进行评定。

现行测量不确定度评定依据的标准主要有JJF 1059.1—2012《测量不确定度评定与表示》和JJF 1059.2—2012《用蒙特卡洛法评定测量不确定度技术规范》。在CNAS-CL01-G003：2019《测量不确定度的要求》中4.1条规定实验室应评定和应用测量不确定度，并建立维护测量不确定度有效性机制。在RB/T 214—2017中4.5.15条要求检验检测机构建立相应数学模型，给出相应检验检测能力的评定测量不确定度案例。检验检测机构可在检验检测出现临界值、内部质量控制或客户有要求时，报告测量不确定度。有的检测项目在做能力验证时也需提供测量不确定度，例如电线导体电阻能力验证就要提供测量不确定度。

原文发表于《中国测试技术》，具体信息如下：

丁百湛，江梅珍，季柳红．混凝土抗压强度测量不确定度评定［J］．中国测试技术，2007（02）：101-102.

少而好学，如日出之阳；壮而好学，
如日中之光；老而好学，如秉烛之光。

——刘向

2.11.16 聚氯乙烯防水卷材拉伸强度测量的不确定度评定

2.11.16.1 前言

聚氯乙烯防水卷材是以聚氯乙烯为主要原料制成的防水卷材，包括无复合层、用纤维单面复合及织物内增强的聚氯乙烯防水卷材。

本文通过对N类即无复合层聚氯乙烯防水卷材拉伸强度测定不确定度的评定，找出引起测量结果不确定度的主要来源并加以分析，为提高检测水平提供依据。

2.11.16.2　测量过程

测量对象：聚氯乙烯防水卷材拉伸强度（N类无复合层卷材，厚度规格为1.5mm）。

测量依据：GB 12952—2011《聚氯乙烯（PVC）防水卷材》。

测量仪器：DLW-1电子拉力试验机，精度等级1级；CH-10-AT百分台式测厚仪。

测量环境：温度（23±2)℃；相对湿度（60±15)％。

测量方法：按GB/T 528—2009中6.1规定裁取哑铃1型试件，拉伸速度（250±50）mm/min，夹具间距约75mm，标线间距离25mm，用测厚仪测量标线及中间3点的厚度，取平均值作为试件厚度。将试件置于夹持器中间夹紧，不得歪扭，开动拉力试验机，读取试件的最大拉力P，试件断裂时标线间的长度为L_1，若试件在标线外断裂，数据作废，用备用试件补做。拉伸强度分别以5个横向试件和5个纵向试件的算术平均值作为试验结果。在此，我们仅对纵向试样结果进行测量不确定度评定，即以5个纵向试件算术平均值作为试验结果（横向试件评定方法与此类似，只不过将纵向试件改为横向试件即可）。

拉伸强度以试验过程中最大作用力除以试件横截面积表示。

2.11.16.3　测量不确定度的来源分析

由于试验温度保持在（23±2)℃，因此忽略温度对测量的影响，测量不确定度的来源见图2.3。

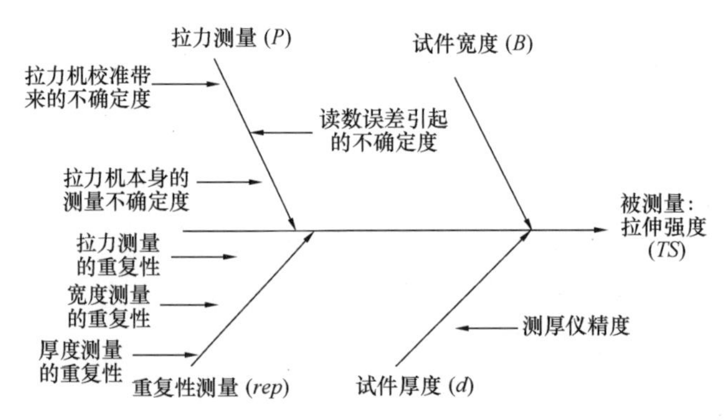

图2.3　测量不确定度的来源分析

2.11.16.4　数学模型

$$TS = P/(B \times d) \times rep$$

$$\overline{TS} = \frac{\sum_{i=1}^{5} TS_i}{m} (m = 5)$$

式中　TS——拉伸强度（MPa）（精确至0.1MPa）；

P——最大拉力（N）（精确至 0.1N）；

B——试件中间部位宽度（mm）（精确至 0.1mm）；

d——试件厚度（mm）（精确至 0.1mm）；

rep——试验的总重复性；

m——试件个数。

由于输入量不相关，于是不确定度传播律为：

$$u_{\text{crel}}^2(TS) = u_{\text{rel}}^2(rep) + u_{\text{rel}}^2(P) + u_{\text{rel}}^2(B) + u_{\text{rel}}^2(d)$$

$$u_{\text{crel}}(\overline{TS}) = \frac{u_{\text{crel}}(TS)}{\sqrt{m}}$$

式中　$u_{\text{crel}}(TS)$——拉伸强度的相对合成标准不确定度；

$u_{\text{rel}}(rep)$——重复性测量引起的不确定度（考虑装卡试样、加荷速度、操作者、零点修正的影响）；

$u_{\text{rel}}(P)$——拉力测量引起的不确定度；

$u_{\text{rel}}(B)$——宽度测量引起的不确定度；

$u_{\text{rel}}(d)$——厚度测量引起的不确定度；

$u_{\text{crel}}(\overline{TS})$——以 5 个试件平均值表示的拉伸强度的不确定度。

2.11.16.5　不确定度分量计算

1. 聚氯乙烯防水卷材重复性引起的测量不确定度分量

聚氯乙烯防水卷材规格厚度为 1.5mm，取 10 个纵向拉伸试件进行试验，10 次拉伸强度试验结果见表 2.31。

$$\overline{TS} = \frac{\sum_{i=1}^{10} TS_i}{n} \quad i = 1,2,\cdots,n, n = 10$$

$$S(TS) = \sqrt{\frac{\sum_{i=1}^{10}(TS_i - \overline{TS})^2}{n-1}} = 0.31\text{MPa}$$

$$u_{\text{rel}}(rep) = \frac{S(TS)}{\overline{TS}} = \frac{0.31}{9.5} = 3.26\%$$

表 2.31　卷材拉伸试验结果

项目	1	2	3	4	5	6	7	8	9	10
最大拉力（N）	85.5	86.2	89.2	90.2	82.0	85.1	89.9	83.9	85.9	82.2
厚度（mm）	1.48	1.52	1.53	1.52	1.52	1.51	1.52	1.50	1.48	1.52
宽度（mm）	6.0	6.0	6.0	6.0	6.0	6.0	6.0	6.0	6.0	6.0
拉伸强度（MPa）	9.6	9.4	9.7	9.9	9.0	9.4	9.8	9.3	9.6	9.0
强度平均值（MPa）	9.5				标准偏差（MPa）	0.31				

2. 拉力 P 引起的测量不确定度 u_{rel}（P）

拉力 P 的测量不确定度来源于仪器校准的不确定度、仪器的测量不确定度和读数不确定度三个方面。

（1）查检定证书，仪器校准的不确定度为 0.3%，这是由上一级标准器对拉力机校准时产生的不确定度，检定证书未给出置信概率，故取 $k=2$，于是相对标准不确定度 u_{1rel}（P）的值为：

$$u_{1rel}(P)=\frac{0.3\%}{k}=\frac{0.3\%}{2}=0.15\%$$

（2）仪器的测量不确定度 u_{2rel}（P）。因为仪器的准确度等级为 1 级，认为示值是均匀分布的，故取 $k=\sqrt{3}$，于是标准不确定度为：

$$u_{2rel}(P)=\frac{1.0\%}{k}=\frac{1.0\%}{\sqrt{3}}=0.58\%$$

（3）读数不确定度 u_{3rel}（P）。满刻度为 200N，读数可读至 0.01N，读数误差不确定度可按均匀分布估计，$k=\sqrt{3}$，拉力平均值$\overline{P}=86.0$N。

$$u_{3rel}(P)=\frac{0.01/86.0}{\sqrt{3}}=0.007\%$$

故拉力测量的不确定度为：

$$\begin{aligned}u_{rel}(P)&=\sqrt{u_{1rel}^2(P)+u_{2rel}^2(P)+u_{3rel}^2(P)}\\&=\sqrt{(0.15\%)^2+(0.58\%)^2+(0.007\%)^2}\\&=0.60\%\end{aligned}$$

3. 厚度测量引起的不确定度分量u_{rel}（d）

测厚仪的最小分度值为 0.01mm，以均匀分布估计，则

$$u_{rel}(d)=\frac{0.01/1.5}{\sqrt{3}}=0.38\%$$

4. 宽度测量引起的不确定度分量u_{rel}（B）

试件宽度为 $6.0^{+0.4}$mm，测量精度为 0.1mm，以均匀分布估计，宽度测量引起的不确定度为

$$u_{rel}(B)=\frac{0.01/6.0}{\sqrt{3}}=0.96\%$$

5. 不确定度分量汇总（表 2.32）。

表 2.32　不确定度分量汇总

参数	重复性	宽度	拉力	厚度
不确定度分量	3.26%	0.96%	0.60%	0.38%
排序	1	2	3	4

从表 2.32 可以看出，重复性引起的不确定度分量对总的不确定度占的比例

最大，需控制其影响因素。

2.11.16.6　合成标准不确定度 u_{crel}（TS）

$$u_{crel}(TS)=\sqrt{u_{rel}^2(rep)+u_{rel}^2(P)+u_{rel}^2(d)+u_{rel}^2(B)}$$

$$=\sqrt{(3.26\%)^2+(0.60\%)^2+(0.38\%)^2+(0.96\%)^2}=3.47\%$$

因为实际检测时，是以 5 个试件的拉伸强度平均值为最终结果，所以

$$u_{crel}(\overline{TS})=\frac{u_{crel}(TS)}{\sqrt{m}}=\frac{3.47\%}{\sqrt{5}}=1.55\%$$

2.11.16.7　扩展不确定度 U

根据 JJF 1059.1—2012《测量不确定度评定与表示》4.5 条，取包含因子 $k=2$，则

$$U=k\,u_{crel}=2\times1.55\%=3.1\%$$

2.11.16.8　检测结果表示

$$TS=9.5(1\pm3.1\%)\text{MPa}=(9.5\pm0.3)\text{MPa}\quad k=2$$

2.11.16.9　结语

通过对聚氯乙烯防水卷材拉伸强度测量不确定度的评定，知道影响拉伸强度检测结果的主要因素是重复性试验和试件宽度，因此，实际检测时，应提高人员素质，考虑装卡试样、加荷速度、零点修正等对检测结果的影响，裁剪刀具也应定期检定以保证测量的准确性。

原文发表于《中国建筑防水》，具体信息如下：

丁百湛，祖雪明，季柳红．聚氯乙烯防水卷材拉伸强度测量的不确定度评定［J］．中国建筑防水，2007（05）：36-38.

欲穷千里目，更上一层楼。

——王之涣

第3章

质量控制应关注的问题

3.1 能力验证、实验室间比对和实验室内比对结果分析与评价

实验室为了确保结果的有效性，要进行质量监核，在新的 CNAS-CL01-2018《检测和校准实验室能力认可准则》中有 11 种方式，比以前 CNAS-CL01：2006 增加了 6 种方法。其中能力验证、实验室间比对和实验室内部比对是最常用的方法。一般情况下，实验室都十分关心结果是否对上，即比对结果是否满意，而不太关注比对结果的分析与评价。因为即使能力验证满意，并不能完全说明实验室能力强，能力验证不满意就说实验室能力差否则也有失偏颇。一次结果满意与否不能说明什么，就像是一次高考成绩不理想不能说明一名学生就没有能力。因而如何评价验证结果并合理利用比对结果是一件更重要的事。积累每年的比对数据进行系统分析评价，是一个实验室应掌握的方法，将对我们的质检工作大有裨益。

3.2 设备校准结果确认时的注意事项

实验室使用的设备通常分为对检测数据结果有影响的设备和没有影响的辅助设备，如万能试验机、水泥胶砂搅拌机等就属于对检测结果有影响的设备，而卷材裁片机则属于对结果没有影响的辅助设备（当然裁刀有尺寸要求，不属于辅助设备）。对于对数据和结果有影响的设备需要进行检定或校准，什么时候进行检定、什么时候进行校准，主要区分是看其是否有检定规程。有检定规程的一般需要进行检定，其证书有结论“合格”字样，当检定不合格时，出具不合格通知书，不能使用该设备，需进行维修或报废。无检定规程时一般应进行校准，校准证书没有结论，但都有不确定度。通常，实验室在收到检定或校准证书时应进行确认，确认的目的是评价设备经检定或校准后，其是否能够满足检测相关标准的要求。有时检定合格的设备并不能用于检测某种产品，例如量程为 300kN 的万能试验机经检定合格，其可以拉伸直径 20mm 牌号 HRB400 的钢筋，但直径

32mm的牌号HRB400的钢筋就不能用此设备检测，因其量程不能满足产品的拉伸试验要求，因而应确认检定或校准后的设备是否满足检测标准规定设备的量程范围和精度要求。

对于产生校准因子的校准证书，应保证校准因子在实际检测工作中得到应用，可以将其填入原始记录备注中，否则检测结果将会产生系统偏差。有的实验室要求确认由设备管理员来做，其实这样是不合适的。我觉得应主要由检测人员来做确认，因为一台设备可能检测多种产品，而每种产品或每类产品由不同的检测人员来操作，而每种产品或每类产品执行不同的标准，因而需要不同的检测人员来确认校准结果是否满足其检测产品标准的要求，也就是说对于一份校准证书则可能有多份确认记录。

3.3 检测方法验证时的注意事项

实验室检验检测工作离不开检测方法，实验室可以采用标准方法、非标准方法和实验室制定的方法进行检测。实验室应使用适当的方法和程序开展实验室活动，这里“方法”是指ISO/IEC指南99定义的“测量程序”，测量程序通常要写成充分而详尽的文件，以便操作者进行测量。标准方法对应的是由标准化主管部门批准或团体推荐发布的产品标准或方法标准，通常实验室在开展新项目评审时，就应考虑检测某产品应采取的方法标准，而在标准执行一段时间后可能发生变更，则需要及时进行标准方法的验证，从“人、机、料、法、环、测”六个方面去证实。实验室选用的检测方法应满足客户的需求并适用于检测，实验室应确保使用标准版本的现行有效。有时客户指定使用已过期的标准，这时要进行合同评审，明确可以做时再接受此业务，并且在委托单写明该标准由客户指定，并在检测报告上明示以免产生不必要的争议。方法验证在新项目评审时是必经程序，这里主要是考虑到标准变更时应进行方法验证，主要从人员、设备、材料、标准、环境以及计量溯源性等方面考虑。本实验室是否能满足新标准的要求，通常可能时还要参加能力验证或实验室间比对，从而保证满足检测结果的准确性。

3.4 终身学习是一名合格检测员的必备要素

按照管理体系要求，实验室的管理体系需要持续改进，其中最直接的体现是法律、法规的变化，设备的变化，标准方法的变化等，而对于我们每一位检测员来说，则需要不断地学习新的知识和检测技能，所以有人说学历只代表你的过去，而学习力代表你的未来。面对飞速发展的社会，我们只有不断学习，更新自己的知识技能，才能适应实验室的需要，“人学始知道，不学非自然”。“唯一能持久为竞争的优势是胜过竞争对手的学习能力”。我们身边有许多鲜活的案例，比如金岭，他在大学学的是工商管理专业，现在已成长为一名结构检测的工程师。再比如陈慧，她本来学的是财会专业，通过多年的摸爬滚打，现已成为桩基低应变检测的专业能手。不断地学习提高，是每一位检测人员需做好的基本功课。虽然我们都只是普通的检测人员，犹如草原上一株不起眼的小草，可是当春天来临时，也会呈现它所特有的绿色，无数的小草会形成一大片美丽的草原，为春天奉献自己的生命之色!

三更灯火五更鸡，正是男儿读书时。

——颜真卿

3.5 有关检测工作遇到问题的思考论文选编

3.5.1 控制混凝土的养护条件是混凝土质量的重要保证

3.5.1.1 前言

随着我国经济建设的发展，如何提高和保证工程质量是项目建设中头等重要的事情。为此，国务院已于2000年1月30日颁布了《建设工程质量管理条例》，这一条例的颁布实施将对保证建设工程质量，保证人民生命和财产安全，促进工程质量管理水平提高，起到有效的法律监督作用。工程质量如何？结构是根本。而结构中最主要的是钢筋混凝土结构，混凝土质量的好坏，直接影响结构的质量。

3.5.1.2 实际施工现状

控制混凝土的质量，第一，应控制使用的原材料的质量，比如如何选择水泥品种、强度等级，砂、石规格，外加剂品种等；第二，要进行合理的配合比设计，根据选用的原材料，设计出既有强度保证，又经济节约的配合比；第三，控制混凝土的拌制，注重称量的准确性、拌制的匀质性，接着是运输、浇筑、养护。在实际工程施工中，人们对混凝土的原材料、配合比、浇筑工艺等比较重视，特别是预拌混凝土的采用，为施工现场控制混凝土拌合物质量提供了保证，而往往容易忽视的则是混凝土的养护，在此，我想分析一下混凝土的养护对保证混凝土结构构件质量的重要性，以及对评定混凝土强度的代表混凝土试件质量的影响。

3.5.1.3 混凝土养护重要性的原因分析

混凝土是以胶凝材料、水、细集料、粗集料，必要时掺入化学外加剂和矿物混合材料，按适当比例配合，经过均匀拌制、成型及养护硬化而成的人工石材，通常我们工程中大量采用的是普通混凝土，即由水泥、砂、普通碎（卵）石和水配制的干密度为1950～2500kg/m^3的混凝土，其中水泥是胶凝材料，水泥的水化把砂、石胶结起来，形成混凝土的强度，而水泥的水化程度决定混凝土强度的发展过程。通常水泥水化程度越高，则混凝土的强度越高。水泥遇水以后形成水泥凝胶体，逐渐失去活动性而形成凝聚结构，由凝聚结构向结晶结构的转变，使得水泥石具有一定的强度，这一过程受到环境的制约，只有温、湿度适宜，才能形成最终的强度。研究表明，在4～40℃范围内，湿度适宜时，温度越高，水泥水化速度越快，则强度越高；反之，随温度的降低，水泥水化基本停止，并且因水结冰膨胀，而使混凝土强度降低。另外混凝土浇筑后，必须保持一定时间的潮湿，若湿度不够，导致失水，会严重影响强度，使混凝土的结构疏松，产生干缩裂缝，影响耐久性。综上所述，环境的温、湿度对混凝土的质量有着至关重要的作用。

3.5.1.4 混凝土结构构件的养护措施

（1）冬期施工的混凝土结构构件的养护

在当地室外日平均气温连续5d稳定低于5℃时，混凝土结构工程应采取冬期施工措施，并应及时采取气温突然下降的防冻措施。例如淮阴地区冬季在每年的十一月下旬至次年的三月上旬。冬季混凝土结构构件养护方法主要有以下几种：

① 蓄热法养护。当室外最低温度不低于－15℃时，地面以下的工程或表面系数不大于15m^{-1}的结构，应优先采用蓄热法养护［注：表面系数系指结构冷却的表面积（cm^2）与其全部体积（m^3）的比值］。蓄热法施工是冬期施工常用方法，它是指将混凝土组成材料加热后搅拌，再浇灌至模板中，利用这种预加热量和水泥在硬化过程中放出的水化热，使混凝土构件在正温条件下达到预计的设计强度，因此，在混凝土构件上应覆盖保温材料，防止热量的过快损失，减缓混凝土的冷却速度，达到蓄热养护的目的。蓄热法保温层应选择导热系数小、价格低廉、能够多次周转、易于购到的地方材料，如草帘、草袋、锯末、炉渣等，并注意保持干燥，最好是做成工具式保温模板（如在模板夹层中钉油毡或油纸，并填充矿棉或锯末），以提高模板的周转率。

② 其他养护方法。当在一定龄期内用蓄热法养护达不到要求时，可采用蒸汽法、暖棚法、电热法等其他养护方法。

③ 若掺用了防冻剂，混凝土的养护应注意以下几点：

a. 在负温条件下养护，严禁浇水且外露表面必须覆盖。

b. 混凝土的初期养护温度，不得低于防冻剂的规定温度，达不到规定温度时，应立即采取保温措施。

c. 当温度降低到防冻剂的规定温度以下时，其强度不应小于 3.5N/mm^2。

d. 当拆模后混凝土的表面温度与环境温度差大于 15℃时，应对混凝土采用保温材料覆盖养护。

（2）当日平均气温高于 5℃时，即通常说的春、夏、秋季，混凝土结构构件可采用自然养护，即在自然条件下用简单材料覆盖洒水养护。其具体地说，还需注意以下几点：

① 对于一般塑性混凝土应在浇筑后 10～12h 内，对于炎热的夏季条件下的塑性混凝土在浇筑后 2～3h 内，对于干硬性混凝土在浇筑后 1～2h 内，用麻袋或其他可供覆盖的物品进行覆盖，并及时浇水养护以保持混凝土处于足够湿度条件之中。

② 浇水养护的时间，对采用硅酸盐水泥、普通硅酸盐水泥或矿渣硅酸盐水泥拌制的混凝土，不得少于 7d，对掺用缓凝型外加剂或有抗渗性要求的混凝土，不得少于 14d。

③ 当采用塑料布覆盖养护的混凝土，其敞露的全部表面应用塑料布覆盖严密，并应保持塑料布内有凝结水。

④ 当混凝土的表面不便浇水或使用塑料布养护时，宜涂刷保护层（如薄膜养生液等），防止混凝土内部水分蒸发。

⑤ 对大体积混凝土的养护，应根据气候条件采取控温措施，并按需要测定浇筑后的混凝土表面和内部温度，将温差控制在设计要求的范围以内；当设计无具体要求时，温差不宜超过 25℃。

⑥ 在已浇筑的混凝土强度未达到 1.2N/mm^2 以前，不得在其上踩踏或安装模板及支架。

3.5.1.5 应重视混凝土试件的养护方式

在实际检测工作中，我们发现混凝土试件通常都是“自然养护”，一般是成型试块后，搬进工地工棚或办公室浇水养护至 28d 试压。工程质量监督部门以此试件试压作为混凝土强度检验评定的依据，这样养护的试件，能够代表混凝土结构件的混凝土强度吗？我们认为这样做是不对的，混凝土试件的养护应采取三种方式，一种是标准养护，另一种是同条件养护，再一种是加速养护。

1. 标准养护

标准养护是指试件按标准规定的取样制作成型后，置于温度为（20±3）℃的水中养护 28d。对于采用蒸汽养护的混凝土结构或构件，其混凝土试件应随同结构或构件一同蒸汽养护后，再移入标准养护室内养护，两段养护时间共 28d，根据《混凝土及预制混凝土构件质量控制规程》的规定，此类适用于混凝土强度的检验评定。所以对于建筑施工企业和预制构件企业，成型标准试件必须在标准条件下养护，以保证混凝土强度检验评定的准确性，因而前面所说的“自然养护”

的试件不能作为混凝土强度检验评定的依据。如果“自然养护”的试件试压达不到设计值，并不能代表在标准养护条件下的试件试压也不合格，用这样的数据来进行混凝土强度检验评定，必然造成误判。

2. 同条件养护

同条件养护是指试件在浇筑地点制作成型后，置于结构构件相同环境条件下养护，例如某二十层楼面的梁板结构，其同条件养护的试件也应置于二十层楼面养护，而不应将试件放在地面或室内养护，因为高空中气温、风力、湿度与地面或室内均不能完全一致，甚至有很大不同。同条件养护试件用于控制混凝土结构构件养护过程的混凝土强度，以确定结构构件的拆模、出池、出厂、吊装、张拉、放张及施工期间临时负荷时的混凝土强度，比如《预制混凝土构件质量检验评定标准》中规定构件应达到设计的混凝土强度等级时才能进行结构性能检验。这里所指的混凝土强度，是指在制作试验结构构件时应同时制作混凝土立方体试件，并与试验结构构件同等条件养护，以确定试验结构构件混凝土的实际强度，所以同条件养护的试件也并非可有可无，而是必须有。例如按照苏G9401图集生产预应力空心板，其混凝土强度等级为C25，规定当空心板混凝土的强度达到C25时才能进行结构性能试验，那么这时的混凝土强度就是指与构件同时成型的试件，置于与构件相同条件下养护到龄期后试压的结果，而不是试件在标准养护条件下的试压结果，因为即使标准养护下的试件已达到设计强度等级C25，但也并不能代表实际构件强度就已满足要求，所以在GB 50204—2015混凝土结构工程施工及验收规范第4、6、7条规定“每次取样应至少留置一组标准试件，同条件养护试件的留置组数，可根据实际需要确定”。需要注意的是，对于与结构构件同条件试件，解冻后方可试压。

3. 加速养护

加速养护是指试件按有关标准制作成型后，按沸水法、80热水法及55℃温水法三种养护法试验得出的试件强度早期推定标准养护28d（或其他龄期）的混凝土强度，显然，这一措施可以大大缩短混凝土配合比设计周期。综上所述，混凝土的养护不容忽视，既要注重混凝土结构构件的养护，也要重视混凝土试件的养护，前者主要目的是保证混凝土结构构件的质量，后者主要是为评定结构构件质量及掌握结构构件实际强度服务。尤其是混凝土试件的养护，要特别加以重视。对于大、中型施工企业来说，在施工现场应配备混凝土标准养护箱，对于混凝土预制构件企业，均应建立混凝土试件标准养护室，若不能满足上述要求，则应将混凝土试件送至当地工程建设质检机构进行标准养护。与此同时，同条件养护的试件也应切实与结构构件在相同的环境下养护。

3.5.1.6　结论

（1）保证混凝土法结构构件的养护条件是保证结构构件质量的重要环节，必须充分重视。

（2）用于混凝土强度检验评定的试件必须在标准条件下养护。

（3）用于确定结构构件的拆模、出池、出厂、吊装、张拉、放张及施工期内临时负荷时的混凝土强度的试件，必须与结构构件同条件养护。

该文已经发表于《淮阴工学院学报》，具体信息如下：

丁百湛．控制混凝土的养护条件是混凝土质量的重要保证［J］．淮阴工学院学报，2001，10（1）：43-45.

本文在此基础上进行了小幅修改。

纸上得来终觉浅，绝知此事要躬行。

——陆游

3.5.2 建筑用钢材常规检测中需注意的几个问题

建筑用钢材面广量大，主要有碳素结构钢，热轧圆盘条，变形钢筋，热轧光圆、带肋钢筋，冷轧带肋钢筋，冷轧扭钢筋，以及角钢、槽钢、钢板等型材[20]。其涉及的标准约有100个，根据我们多年检测经验，发现在检测时有几点需要注意的问题，与同行探讨。

3.5.2.1 原始标距问题

比例试样标距按公式$L_0=K\sqrt{S_0}$计算而得，式中系数K通常为5.65或11.3，前者为短试样，后者为长试样[21]。短试样标距L_0等于$5d_0$或$5.65\sqrt{S_0}$，长试样标距L_0等于$10d_0$或$11.3\sqrt{S_0}$。根据GB/T 228.1—2010《金属材料拉伸试验　第1部分：室温试验方法》中第8条规定“比例试样原始标距的计算值与其标准值之差小于$10\%L_0$，可将原始标距的计算值按GB/T 8170修约至最接近5mm的倍数”。

3.5.2.2 钢筋计算用原始横截面面积问题

常用钢材原始横截面面积一览表见表3.1。

表3.1　常用钢材原始横截面面积一览表

公称直径（mm）	原始横截面面积S_0（mm^2）	
	热轧带肋钢筋及低碳钢热轧圆盘条	热轧光圆钢筋及冷轧带肋钢筋
8	50.27	50.27
10	78.54	78.54
12	113.1	113.1
14	153.9	153.9
16	201.1	201.1

续表

公称直径（mm）	原始横截面面积 S_0（mm²）	
	热轧带肋钢筋及低碳钢热轧圆盘条	热轧光圆钢筋及冷轧带肋钢筋
18	254.5	254.5
20	314.2	314.2
22	380.1	—
25	490.9	—
28	615.8	—
32	804.2	—
36	1018	—
40	1257	—
4.0	—	12.6
5.0	—	19.6
5.5	23.8	—
6.0	28.3	28.3
6.5	33.2	—
7.0	38.5	38.5
8.0	50.3	50.3
9.0	63.6	63.6
10.0	78.5	78.5

表3.1中的面积是按$\pi D^2/4$计算而得。但应特别注意的是，有些钢筋的公称横截面面积不是这样计算，不能混淆套用，例如《冷轧扭钢筋》中Ⅰ型、Ⅱ型钢筋公称横截面面积均不是按表3.1执行，而且Ⅰ型、Ⅱ型钢筋同直径的还有区别，应引起试验人员的重视，其面积列于表3.2。

表3.2　冷轧扭钢筋公称横截面面积

类型	标志直径 d（mm）	公称横截面面积 A（mm²）
Ⅰ	6.5	29.5
	8	45.3
	10	68.3
	12	93.3
	14	132.7
Ⅱ	12	97.8

3.5.2.3　拉伸试验时应注意的问题

1. 钢材拉伸试验首先应选准量程

比如常用的热轧圆盘条，热轧光圆、带肋钢筋应选择表3.3所示量程。

表 3.3　常用钢材拉伸试验量程选用表

公称直径（mm）	WE-10A 万能材料试验机（kN）	WE-300 万能材料试验机（kN）	WE-1000 万能材料试验机（kN）
5	0～20	—	—
6	0～20 0～50	0～60	—
6.5	0～50	0～60	—
8	0～50	0～60	—
10	0～50	0～60	—
12	0～150	0～150	—
14	—	0～150	0～200
16	—	0～150 0～300	0～200
18	—	0～300	0～200
20	—	0～300	0～200 0～500
22	—	0～300	0～500
25	—	—	0～500
28	—	—	0～500 0～1000
32	—	—	0～1000

2. 应注意钢材拉伸试验加荷速度

（1）在屈服过后的拉伸加荷速度控制在试验机两夹头在力作用下的分离速率应不超过 $0.5L_C$/min（L_C是指试样平行长度）。

（2）在屈服点之前的弹性阶段，拉伸加荷速度，对于弹性模量大于 1.50×10^5MPa 的钢材试样，最小速率为 3MPa/s，最大速率为 30MPa/s。

3. 钢材拉伸试验读数时应注意的问题

普通钢筋的拉伸强度在 200～1000MPa 之间，根据 YB/T 081—2013《冶金技术标准的数值修约与检测数值的判定》中 4.2.1 条，此修约间隔为 5MPa，但在实际检测中，只能读出拉力值，需进行计算才能得到强度值，根据有效数字运算规则中乘除法的规定：参加运算的各数先修约成有效数字位数最少的数多一位，所得最后结果以有效数字位数最少的一数为准，与小数点位置无关。因为拉伸强度最终结果一般是三位有效数字，所以拉力值可以保留四位有效数字，也就是拉力值至少记录到小数点后一位，而试验机的精度一般均能满足要求，比如直径 8mm、牌号为 Q235 的热轧圆盘条，其公称横截面面积为 50.3mm^2，其屈服力实测值为 11.5kN，则屈服点 $\sigma_s=11.5\times10^3/50.3=230$MPa，不符合 GB/T

701—2008 中 Q235 钢材的要求，若记录保留整数，则 11.5kN 记为 12kN，这时 $\sigma_s=12\times10^3/50.3=240$MPa，这时符合 Q235 钢材的要求。同样的试样，得出不同的结论，所以在注意强度值修约的同时，更应注意拉力值的读记准确。

3.5.2.4　小结

建筑用钢材常规检测中，应做到原始标距正确，不能想当然，计算面积要根据钢材各自产品标准中的规定执行，拉伸速度应控制准确；拉力值读记应符合有效数字运算规则要求。

该文已经发表于《计量与测试技术》，具体信息如下：

丁百湛．建筑用钢材常规检测中需注意的几个问题［J］．计量与测试技术，2001，28（2）：41-42.

吾尝终日而思矣，不如须臾之所学也。

——荀子

3.5.3　非标准预应力混凝土空心板的检测

目前预制构件厂生产的预应力混凝土空心板多是按标准图集生产的，如按苏G9401《120 预应力混凝土空心板图集》（冷轧带肋钢筋）生产的 YKBR 636-63、YK-BR642-63 预应力混凝土空心板，这些标准尺寸的空心板在图集中都给出相应的检验荷载及检验指标。但在实际工程中，为了满足建筑布置的要求，其构件跨度须采用非标准尺寸，其生产往往选用与其接近且较长一档的标准尺寸构件的配筋和工艺来进行，如长度为 4000mm 的空心板按 YKBR642-63（构件长度为 4140mm）的要求来配筋生产，仅是长度减短。因为荷载和配筋相同的构件，小跨度相对更为安全，那么非标准尺寸板如何进行结构性能检验呢？

3.5.3.1　检验参数的确定

在进行其结构性能检验时，可以在检验指标不变的情况下通过调整检验荷载值来实现等效检验。在 GB 50204—2002《混凝土结构工程施工质量验收规范》中规定钢筋混凝土构件和允许出现裂缝的预应力构件进行承载力、挠度和裂缝宽度检验；不允许出现裂缝的预应力混凝土构件进行承载力、挠度和抗裂检验；预应力混凝土构件中的非预应力杆件按钢筋混凝土构件的要求进行检验。在荷载标准值下进行构件挠度、裂缝宽度检验。抗裂检验和荷载力检验应符合下列公式要求：

$$\gamma_{cr}^0 \geqslant [\gamma_{cr}],\gamma_u^0 \geqslant \gamma_0[\gamma_u]$$

式中　γ_{cr}^0——构件的抗裂检验系数实测值，即试件的开裂荷载实测值与荷载标准值（均包括自重）的比值；

γ_u^0——构件的承载力检验系数实测值，即试件的荷载实测值与荷载设计值（均包括自重）的比值。

预应力混凝土空心板检验指标有三个，即挠度检验指标$[\alpha_s]$、抗裂检验指标允许值$[\gamma_{cr}]$、承载力检验指标$\gamma_0[\gamma_u]$。根据静力学原理，均布荷载的简支梁，其正截面弯矩值$M=qL^2/8$，其跨中挠度

$$f=\frac{5ML^2}{48B}=5qL^4/384B$$

式中 M——梁弯矩值；

q——均布荷载值；

L——构件的计算跨度；

B——梁的截面抗弯刚度[22]。

设$M_1=M_2$，则

$$q_2=(L_1/L_2)^2$$

$$q_1=\lambda^2 q_1$$

式中 $\lambda=L_1/L_2$，是一个大于1的数值；

L_1——标准板计算跨度；

L_2——非标准板计算跨度；

q_1——标准板短期荷载检验值或承载力检验荷载设计值；

q_2——非标准板短期荷载检验值或承载力检验荷载设计值。

设$f_1=f_2$，则 $q_2=(L_1/L_2)^4 q_1=\lambda^4 q_1$

检验荷载及其修正系数列于表3.4。

表3.4 非标准板检验荷载的修正系数

检验项目	标准板检验荷载	修正系数	非标准板检验荷载
挠度检验荷载值	Q_s^e	λ^4	$Q_s^{e'}=\lambda^4Q_s^e$
短期荷载检验值	Q_s^e	λ^2	$Q_s^{e'}=\lambda^2Q_s^e$
承载力检验荷载设计值	Q_d^e	λ^2	$Q_d^{e'}=\lambda^2Q_d^e$

从表3.4可以看出，标准板挠度检验与裂缝宽度检验是在同一级荷载即正常使用短期荷载检验值下进行的，而非标准板修正后的检验荷载则不一样，需要检测时注意。

3.5.3.2 实例

试确定按照苏G9401中$YKBR_{46}$-63配筋及工艺生产的预应力混凝土空心板，板长为4000mm的检验荷载值。

解：$L_1=4140-80=4060$mm

$L_2=4000-80=3920$mm

$$\lambda=\frac{L_1}{L_2}=\frac{4060}{3920}=1.036$$

则　$\lambda_2=1.073$，$\lambda_4=1.151$

检验荷载列于表 3.5。

表 3.5　非标准板的检验荷载

规格型号	挠度荷载检验值	短期荷载检验值	承载力检验荷载设计值
YKB_{R6}42-63 板长为 4140mm	$Q_s^e=3.85$kN/m	$Q_s^e=3.85$kN/m	$Q_d^e=5.00$kN/m
修正系数	$\lambda_4=1.151$	$\lambda_2=1.073$	$\lambda_2=1.073$
YKB_{R6}42-63 板长为 4000mm	$Q_s^{e'}=\lambda^4 Q_s^e=4.43$kN/m	$Q_s^{e'}=\lambda^2 Q_s^e=4.13$kN/m	$Q_d^{e'}=5.36$kN/m

3.5.3.3　结束语

非标准板检测，如果仍按图集检验指标选用，则检验荷载必须经过换算，乘以修正系数，否则检验荷载偏小，不能保证结构安全。

该文已经发表于《江苏建材》，具体信息如下：

丁百湛．非标准预应力混凝土空心板的检测［J］．江苏建材，2004（3）：14-15.

> **长风破浪会有时，直挂云帆济沧海。**
>
> ——李白

3.5.4　对同条件养护试件检测过程中几个问题的探讨

3.5.4.1　概述

国家强制性标准 GB 50204—2002《混凝土结构工程施工质量验收规范》实施以来，人们对用同条件养护试件检验结构试件强度的认识由陌生逐步走向成熟，该规范的执行对打击弄虚作假，保证混凝土工程质量起到了很大的作用。但在执行过程中，也发现存在一些问题，在此提出，希望引起注意。

3.5.4.2　存在的问题及其建议的解决途径

（1）问题 1：同条件养护试件强度不够时，即进行回弹。有些地方的建设质量监督部门规定，同条件养护试件经有相应资质的检测机构检测达不到设计强度等级即要求进行实体回弹。

解决途径：建议施工单位同一强度等级的同条件养护试件应制作 10 组以上，以便按照 GB/T 50107—2010《混凝土强度检验评定标准》中方差未知的评定方法评定，同时应乘以折算系数，避免按单组试件强度来判定合格与否；对于不足 10 组的试件，也应同一等级至少制作三组同条件养护试件，按非统计方法评定，不能仅根据试件结果来决定构件实体强度是否合格。如果按 GB/T 50107—2010

最终评定为不合格时，则可以根据 GB 50204—2015《混凝土结构工程施工质量验收规范》中第 10.1.2 条采取回弹取芯法进行检测，必要时甚至可以进行实体的结构性能检验。

现举例说明。如某一工程主体结构混凝土设计强度等级为 C25，共有 12 组同条件养护试件，其试压结果见表 3.6，其中有两组试件抗压强度代表值分别为 22.1MPa、21.8MPa，达不到 25.0MPa，如按此结果要求现场回弹，则可能造成误判，实际经计算采用方差未知的统计方法评定则为合格。将表 3.6 中的试件抗压强度代表值乘以换算系数 1.10 后，得到表 3.7。

表 3.6　同条件养护试件试压结果汇总表

序号	养护龄期（d）	成熟度（℃·d）	试件抗压强度代表值（MPa）
1	27	601.4	30.0
2	28	608.4	31.1
3	26	602.6	30.8
4	29	637.5	33.2
5	29	649.2	34.0
6	26	607.1	39.5
7	28	632.1	39.1
8	29	637.5	32.5
9	27	601.8	30.6
10	27	618.3	35.7
11	26	606.0	22.1
12	25	601.4	21.8

表 3.7　乘以换算系数后的换算强度

序号	1	2	3	4	5	6
强度值（MPa）	33.0	34.2	33.9	36.5	37.4	43.4
序号	7	8	9	10	11	12
强度值（MPa）	43.0	35.6	33.7	39.3	24.3	24.0

将表 3.7 数据进行计算得到：

$$m_{fcu}=34.8\text{MPa};\ s_{fcu}=6.06\text{MPa}>0.06f_{cu,k}=1.5\text{MPa}$$

式中　s_{fcu}——同一验收批混凝土立方体抗压强度的标准差（N/mm^2），当 s_{fcu} 的计算值小于 $0.06f_{cu,k}$ 时，取 $s_{fcu}=0.06f_{cu,k}$。

按照混凝土强度的合格判定系数，取$\lambda_1=1.70$，$\lambda_2=0.90$。

根据 GB/T 50107—2010 中方差未知的评定要求，

$$m_{fcu}\lambda_1 s_{fcu}=24.5\text{MPa}>0.9f_{cu,k}=22.5\text{MPa}$$

$$f_{cu,min}=24.0\text{MPa}>\lambda_2 f_{cu,k}=22.5\text{MPa}$$

所以，该批同条件养护试件评定为合格，结构实体不需回弹。

（2）问题 2：同条件养护试件超龄期时，即进行回弹。有些地方的建设质量监督部门规定，同条件养护试件须在成熟度为 600～700℃·d 的对应龄期内进行试压，若超期则需进行回弹。

理由：我们认为此规定有所不当。因为在气温较高的南方地区，特别是在夏季，稍微耽误 1～2d，就有可能超出界限范围，而且根据有关研究表明，混凝土的强度增长在到达 600℃·d 时，已基本进入相对停滞阶段。况且对超龄期的实体回弹，反映的还是该龄期的混凝土强度，无法推算对应 600℃·d 时混凝土实体的实际强度。

（3）问题 3：同条件养护试件温度由检测机构统计。同条件养护试件成型后不久即送至检测机构，由检测机构统计记录养护温度，待到 600℃·d 时对应龄期进行试验。

理由及解决途径：我们认为由检测机构统计气温来计算成熟度并没有什么不对，但同条件养护试件更强调应与实体处于同一环境下养护，因此建议施工单位也应根据当地气象台站（电视、报纸或网络）的天气报告记录日平均气温，从而计算成熟度，以保证同条件养护试件能及时试压，不会超过养护龄期太多。

3.5.4.3　结语

（1）用于评定结构实体的同条件养护试件应尽可能采用统计方法评定，而不能以单组试件强度来衡量，同时注意换算系数。

（2）建议施工单位应记录每天日平均气温，从而保证同条件养护试件在达到 600℃·d 时及时试验。

该文已经发表于《工程质量》，具体信息如下：

丁百湛，江梅珍．对同条件养护试件检测过程中几个问题的探讨［J］．工程质量，2006（2）：11-12.

> **读书患不多，思义患不明。**
>
> ——韩愈

3.5.5　对水泥混凝土抗渗性试验的一点建议

3.5.5.1　前言

JTG E30—2005《公路工程水泥及水泥混凝土试验规程》已于 2005 年 3 月 3 日发布，2005 年 8 月 1 日开始实施。在这个标准中的 T 0568—2005 水泥混凝土抗渗性试验方法和 T 0569—2005 水泥混凝土渗水高度试验方法都涉及了混凝土抗渗试件在试验时需密封的问题。标准中介绍的方法是采用热熔加有松香的石蜡进行密封的方法（本文简称热熔法）。我们在具体试验时发现，采用此种方法存在一些弊端，故经过多次试验，我们决定采用不需加热试模和密封材料的冷处理方法，取得了很好的效果。本文对此种方法进行介绍，仅供大家参考。

3.5.5.2 标准中现有方法的弊端

1. 原料不经济，处理复杂

试验时，需将密封材料石蜡和松香加热熔化，这一步骤不仅耗能且其挥发物对人体有害。

2. 操作步骤复杂，易漏水

试模也需预热，并且要趁试模还热的时候，将滚涂后的试件装入。这一过程试验人员不易控制，如果操作不当，会从模壁渗水，要重新密封，耽误时间。

3.5.5.3 冷处理方法

1. 冷处理方法选用的原料

冷处理方法选用不需加热的密封材料，如机用黄油、门窗密封用玻璃硅胶等，同时在装模时也不需加热试模，而且脱模清理方便、干净，做到了省时、省工、方便、安全。

2. 冷处理方法步骤

现以机用黄油掺加老粉为例简要说明其冷处理过程。首先，将机用黄油和滑石粉（主要成分为硅酸镁）按一定比例混合，做成糊状（其比例可通过试验调整），然后用刮刀将其刮涂到已经表面干燥的试件侧面，试件侧面上下两端处不涂，中间处多涂一点（以免装模时密封材料挤出或堵住试件下表面），最后将试件装入模中用手动千斤顶压至试件底面与试模底口平齐，恒压 30s 后卸载（以防试件滑出试模），装在抗渗仪上试验。

3. 冷处理方法效果

我们经过上千组的抗渗试验，从 P6 到 P12 的试件都做过，证明采用此方法方便可行，几乎没有出现因密封不好而返工的现象。同时我们还使用黄油掺老粉（主要成分为碳酸钙）、粉煤灰等材料进行试验，效果也很好。使用此方法还有一个优点就是此密封材料一次拌和可多次使用且不会失效。另外也曾用玻璃硅胶来密封试件，效果也不错，但与用黄油相比，不够经济、方便，且有刺激性气体产生。

3.5.5.4 结语

利用冷处理方法来替代热熔法密封抗渗试件是一种可行、经济、方便的方法，值得推广使用。

该文发表于《交通标准化》，具体信息如下：

丁百湛，周林峰，沈华英，等．对水泥混凝土抗渗性试验的一点建议 [J]．交通标准化，2006 (9)：56-57.

事业功名在读书，圣贤妙处着工夫。

——姚勉

3.5.6 中空玻璃窗传热性能影响因素的分析

3.5.6.1 前言

中空玻璃是用两片或多片玻璃以有效支撑均匀隔开并周边密封使玻璃层内形成干燥气体空间的玻璃制品。按中空腔内所含气体分为两类：中空腔内为空气的是普通中空玻璃；中空腔内充入氩气、氪气等气体的为充气中空玻璃。其玻璃可采用平板玻璃、镀膜玻璃、夹层玻璃、钢化玻璃、防火玻璃、半钢化玻璃和压花玻璃等。边部密封材料应能够满足气体密封性能并能保持中空玻璃的结构稳定。通常用于中空玻璃的密封胶有聚硫密封胶、硅酮密封胶、丁基密封胶和聚氨酯密封胶等。间隔材料可为铝间隔条、不锈钢间隔条、复合材料间隔条、复合胶条等。郑州中原应用技术研究开发有限公司研发了热塑性间隔条，此隔条是在高温条件下，向捏合机中依次加入丁基橡胶（Exxonmobil）、聚异丁烯（BASF）、增粘剂（赢创）、软化剂、抗氧剂后，在真空保护下共混30min再加入填料和色素，于真空保护下混合60min，然后加入粘结促进剂，真空混合60min后，得到分散均匀的塑性间隔条。干燥剂一般采用3A分子筛。真空玻璃窗型材主要有：铝合金隔热型材、塑料型材、铝木复合型材和玻璃钢型材。非隔热铝合金型材不能用于中空玻璃窗，因为其传热很快，用在中空玻璃上就没有意义了。中空玻璃窗通常是两片或多片玻璃用灌满分子筛的铝间隔条将其周边分开并用密封胶条密封，在玻璃层内形成干燥空气空间或灌入惰性气体的产品。

中空玻璃窗的传热性能受到构成窗的各种材料、生产工艺和施工工艺的影响，下面对这些因素分别进行简要分析。

3.5.6.2 材料的影响

1. 玻璃

中空玻璃窗所使用的玻璃主要有普通平板玻璃、镀膜玻璃、夹层玻璃、钢化玻璃、防火玻璃半钢化玻璃和压花玻璃等。江苏省规定，单中空层中空玻璃的厚度不应小于5mm；居住用建筑外窗不提倡使用Low-E玻璃，而提倡采用外遮阳系统，若采用Low-E玻璃，其外窗冬季遮阳系数不得小于0.6，以避免对冬季阳光的遮挡。

2. 间隔条

根据文献，间隔条材料的导热率如下：聚丙烯为0.22W/(m·K)，铝为160W/(m·K)。对于一个间隔条来说，若$\sum$（$d\times\lambda$）$\leqslant$0.007W/K成立，则称之为暖边系统（d为所用材料厚度）。根据计算，铝间隔条的计算结果为

0.112W/K，远大于0.007W/K，所以定义为冷边系统。铝间隔条是目前中空玻璃窗最常用的间隔条，由于其传热快，因而通过中空玻璃边缘的热量损失较大，从而导致整窗的传热系数大，因而选择合理的线传热系数较低的间隔条成为中空玻璃窗的发展方向，比如不锈钢间隔条以及热塑性间隔条等暖边间隔条都是不错的选择。有些暖边间隔条以降低中空玻璃的密封寿命为代价，甚至与有的密封胶不相容，或导致镀膜玻璃的氧化，这些材料则不能使用。总之，选择性价比高的暖边间隔条应成为中空玻璃窗选用间隔条的趋势。

3. 密封胶

中空玻璃窗采用金属间隔条时一般要用两道密封胶。第一道密封胶使用丁基热熔密封胶，第二道密封胶可使用硅酮胶、聚硫胶或聚氨酯胶等。新修订的GB 11944—2012《中空玻璃》标准规定：中空玻璃的预期使用寿命至少应为15年。中空玻璃内分子筛的吸水量达到饱和，即意味着其寿命的终结。密封胶是水汽进出中空玻璃腔的主要通道。第一道密封胶采用热融型密封胶，除了具有密封的作用外，最主要的是起到定位的作用。中空玻璃第二道密封胶采用化学固化型密封胶，作用是将玻璃和间隔条粘结成一个完整的中空玻璃单元，该单元具有一定的强度和弹性恢复性能，保证中空玻璃不变形，同时也具有良好的粘结性和密封性，保证中空玻璃的使用寿命。研究表明：PS型（聚硫密封胶）第二道密封胶是有框中空玻璃、充气中空玻璃外道密封的首选材料。比硅酮密封胶（SR）使用寿命长。通过表3.8也可以看出聚硫密封胶的密封性能比聚氨酯、硅酮密封胶的性能要好。

表3.8 室温条件下几种密封胶的气体透过率及水蒸气透过率比较

使用部位	材料	氧气渗透率	氩气渗透率	水蒸气渗透率
		$g/(m^2 \cdot d)$		
第1道胶	丁基密封胶	0.7	1.0	1～1.5
第2道胶	聚硫密封胶	5.0	4.0	4～10
	聚氨酯密封胶	50	45	3～4
	硅酮密封胶	750	650	15～25

4. 中空层气体

中空玻璃窗中空层气体可以是干燥空气或惰性气体，惰性气体有氩气（Ar）、氪气（Kr）和人造惰性气体六氟化硫（SF_6）。通常采用的是氩气（Ar），因为它的价格最便宜，最容易获取，而SF_6由于环保方面的原因不再使用。充气中空玻璃的惰性气体充气量应不小于85%，由于氩气的导热系数为0.016W/(m·K)，而干燥空气为0.0254W/(m·K)，因而充入氩气的中空玻璃可以改善其传热性能。

5. 嵌缝用密封胶和密封胶条

嵌缝填充胶应使用中性硅酮密封胶，不得使用酸性硅酮胶。密封胶条应选用三元乙丙橡胶、氯丁橡胶、硅橡胶等热塑性弹性密封条，不得使用密封胶条；推拉窗应使用硅化加片毛条，不得使用非硅化毛条，主要是提高其耐久性。

6. 干燥剂

一般采用3A孔位的分子筛作干燥剂，应符合GB/T 10504—2017《3A分子筛》的规定。用于中空玻璃的其他干燥剂的性能应不低于GB/T 10504—2017或者其他相关标准的要求。

7. 窗框、扇用型材

中空玻璃窗框、扇主要使用铝合金隔热型材、塑料型材、玻璃钢型材和铝木复合型材，其耐老化性能、保温性能和性价比等都比较高。非隔热铝合金型材不得用于中空玻璃窗。

3.5.6.3 中空玻璃窗的传热系数

中空玻璃窗的传热系数由玻璃、窗框的传热系数以及中空玻璃边缘的导热系数三部分组成。整窗的传热系数公式为：

$$U_w = \frac{A_f U_f + A_g U_g + L_f \psi}{A_w}$$

式中 U_w——整窗的传热系数，W/(m² · K)；

U_f——窗框的传热系数，W/(m² · K)；

A_f——窗框面积，m²；

U_g——玻璃的传热系数，W/(m² · K)；

A_g——窗玻璃面积，m²；

L_f——玻璃区域边沿的长度，m；

ψ——中空玻璃边缘的导热系数，W/（m · K）；

A_w——整樘窗面积，m²。

其中U_g可以根据GB/T 22476—2008《中空玻璃稳态U值（传热系数）的计算及测定》中U值的计算方法得到。对于镀膜玻璃计算时，需先用红外光谱仪测得标准辐射率ε_n，而后根据标准中附录A换算得到校正辐射率，从而计算出辐射换热系数h_r，进而计算出气体间隔层热传导系数h_g和多层玻璃系统内部热传导系数h_t，最后求得U值即U_g值。实际上，中空玻璃窗的传热系数可以按照GB/T 8484—2008《建筑外门窗保温性能分级及检测方法》测得，其测得值应该比计算得到的中空玻璃传热系数要大，不要将二者混淆。

3.5.6.4 中空玻璃窗的外窗系统综合遮阳系数

现在中空玻璃窗有外遮阳一体化窗、内置遮阳一体化窗和中置遮阳一体化双层窗，通过外、中、内的遮阳处理降低太阳辐射传到室内的热量。外窗系统综合遮阳系数，即建筑外窗遮阳系数 *SC* 和外遮阳装置系数 *SD* 的乘积。综合遮阳比单纯采用中空玻璃更合理、更经济。

3.5.6.5 设计和施工工艺的影响

若中空玻璃窗不考虑生产厂家和生产工艺方面的影响，则设计是前提。中空玻璃窗采用的开启方式，中空层厚度和窗型、材质都由设计把关。只有设计满足建筑热工性能要求，才能决定中空玻璃窗的具体形式。通常选择平开窗比推拉窗的密封性能要好，居住外窗应以平开外窗为主；而采用干法安装的标准化外窗比现阶段普遍使用的湿法安装的工艺要好，其防渗漏、气密性能等得到很大改善。

改善中空玻璃窗的传热性能可以从设计、原材料、安装工艺着手。具体来说，从窗的开启方式、开启面积、材质、中空层层数、遮阳形式等方面综合考虑才能满足要求。

3.5.6.6 结语

提高中空玻璃窗的传热性能应从以下几点考虑：

（1）注重中空玻璃窗的设计；

（2）注意材料的选用，玻璃、密封胶、间隔条、填充气体的选择；

（3）外遮阳措施的选择；

（4）采用干法安装，推广使用标准化外窗。

该文已经发表于《门窗》，具体信息如下：

丁百湛，金生芹．中空玻璃窗传热性能影响因素的分析［J］．门窗，2014(08)：23-24+31.

善端天赋本无殊，力穑之余好读书。

——张栔

3.5.7 混凝土试件强度不合格怎么办

混凝土试件按养护制度不同分为两种：一种是标准养护试件；另一种是同条件养护试件。不管是哪种试件，在检测后都可能出现以下几种情况：（1）强度过低，低于评定强度的最小值要求；（2）试件强度低于强度设计值但又大于强度设计值的95%（$f_{cu,k}>f_{cu,0}\geqslant 0.95f_{cu,k}$）；（3）试件检测结果无效；（4）试件强度过高，高于设计强度4个等级。出现这些情况，有时候委托单位不知道该如何处理。有的说要进行实体检测，也有的说要重新送样检测，还有的说不需要处理，到底该怎么办？且做如下简单分析。

3.5.7.1 估算混凝土试件组数

事实上，当施工单位拿到施工图纸时，就可以估算出不同分部工程、不同强度等级混凝土的用量，也就能计算出应该成型多少组混凝土试件。这一点施工单位往往容易被忽略，所以当出现试件试验值偏低时就不知道该如何处理。根据我们检测统计的结果，混凝土试件不合格率为1.5%～2.0%，也就是说，每检测5000组试件，则会有75～100组试件结果不理想。根据经验，一般用于基础部位的混凝土由于方量少，多采用非统计方法进行评定；用于主体部位的混凝土则用方差未知的统计方法进行评定。

3.5.7.2　混凝土试件强度不合格的解决办法

（1）按照《混凝土强度检验评定标准》（GB/T 50107—2010），用非统计方法时，在混凝土强度等级小于C60时，混凝土试件强度的平均值应不小于强度标准值的1.15倍；混凝土强度等级不小于C60时，混凝土试件强度的平均值不小于强度标准值1.10倍，试件最小值应不小于强度标准值的0.95倍。当出现试件强度低于最小值时，应采用回弹法、超声回弹综合法、钻芯法等其他方法对混凝土试件所代表的实体部位进行检测。当采用统计方法评定时，试件组数n必须不小于10，当n取10～14时，λ_2取0.90，当n取不小于15时，λ_2取0.85，也就是说，当一批混凝土试件组数不同时，其最小值要求也不同，所以如果可能的话，试件组数尽量多做一些，比如做15组以上，这样最小值要求可以略低一些。

（2）在施工过程中，如果所送试件检测值在采用的评定方法允许的最小值之上时，则不一定要进行实体检测，因为批量评定本身允许出现低于设计值5%的情况发生。

（3）如果检测结果出现无效的情况，则说明试件的离散性较大，没有代表性，应重新检测。所以同一代表部位试件最好多做1或2组，以方便评定使用。

（4）按照江苏省工程建设标准《建设工程质量检测规程》（DGJ 32/J21—2009）第5.5.2条，当检测结果高于设计强度4个等级时，说明试件可能搞错或者不真实，应对试件对应部位的混凝土实体强度进行抽测。

该文已经发表于《建筑工人》，具体信息如下：

丁百湛，李保亮，王昌磊．混凝土试件强度不合格怎么办［J］．建筑工人，2014，35（3）：15.

青春须早为，岂能长少年。

——孟郊

3.5.8　浅谈预应力混凝土管桩抗弯性能和抗剪性能的检测

3.5.8.1　概述

预应力混凝土管桩二十多年来得到了迅猛发展，几乎覆盖全国。主要适用于抗震设防烈度为7度和7度以下地区的一般工业与民用建（构）筑物基础工程，且结构高度不大于100m的高层建（构）筑物和多层建（构）筑物的桩基础，结构高度大于60m的高层建筑宜选用直径不小于600mm的管桩。预应力混凝土管桩按混凝土强度等级分为预应力混凝土管桩（混凝土强度等级≥C60，代号PC）和预应力高强度混凝土管桩（混凝土强度等级≥C80，代号PHC）。按照混凝土有效预压应力值分为A型、AB型、B型、C型等四种管桩[23]（其对应的有效预压应力值分别为4.0、6.0、8.0和1.0N/mm^2）。预应力混凝土管桩制品最主要的力学性能就是抗弯和抗剪性能。下面就此两项性能检测谈谈一些看法，不妥之处，敬请批评指正。

3.5.8.2 检测主要依据的标准资料

与预应力混凝土管桩抗弯、抗剪性能检测相关的标准资料列于表3.9。

表3.9 预应力混凝土管桩抗弯、抗剪性能涉及的标准资料

序号	名称代号	实施日期
1	《先张法预应力混凝土管桩》GB 13476—2009	2010.03.01
2	《预应力混凝土管桩》（10G409）（国家建筑标准设计图集）[24]	2010.09.01
3	《预应力混凝土管桩》（苏G03—2012）（江苏省工程建设标准设计图集）[25]	2012.08.01
4	《预应力混凝土管桩基础技术规程》DGJ32/TJ 109—2010（江苏省工程建设标准）[26]	2011.01.01

通过比较发现，GB 13476—2009《先张法预应力混凝土管桩》与《预应力混凝土管桩》（10G409）相比，抗弯性能指标基本相同，只是GB 13476—2009中管桩规格比国家图集（10G409）中多出外径为1300mm和1400mm的两种大直径管桩的要求，但优选相应的检验指标值均相同，如表3.10所示；而抗剪性能在国家图集中表述了PHC桩和PC桩的不同要求，更便于检测人员使用[24-26]。

表3.10 GB 13476—2009和10G409的管桩抗弯、抗剪性能检验值比较

序号	主要区别	GB 13476—2009	10G409
1	外径范围不同	ϕ300mm～ϕ1400mm，其中还有非优选的直径系列，产品详见GB 13476—2009附录A的表A.2	ϕ300mm～ϕ1200mm，没有非优选的直径系列产品
2	名称不同	抗裂弯矩（kN·m）、极限弯矩（kN·m）、抗裂剪力（kN）	开裂弯矩检验值M_{cr}（kN·m） 极限弯矩检验值M_u（kN·m）
3	抗剪性能指标国标中有PHC桩而无PC桩的要求	国标中仅列出PHC桩的抗剪性能要求，未考虑PC桩。详见GB 13476—2009附录C中表C.1	在10G409图集中第13页至15页的表中分别列出了PHC桩和PC桩的开裂剪力检验值，便于检测人员选用

江苏省在 2010 年之后陆续发布了江苏省工程建设标准 DGJ32/TJ 109—2010《预应力混凝土管桩基础技术规程》和江苏省工程建设标准设计图集苏 G03—2012《预应力混凝土管桩》，在 DGJ32/TJ 109—2010 中的附录 A“管桩的几何尺寸和力学性能指标”列出了外径从 ϕ400mm 至 ϕ1000mm 管桩的几何尺寸以及抗裂弯矩值、极限弯矩值和极限剪力值。在此表的说明中指出混凝土强度以 C60 计算所得。此表数值与之后实施的图集有所不同。我们仅摘录其中的外径 400mm，壁厚 95mm 的数据列于表 3.11。比较发现，两种要求的力学检验指标有所不同，检测时注意区别。从实际工作来看，图集的指标更加实用，因为图集中列出了 C60、C70、C80 等不同强度等级的管桩力学性能要求。

表 3.11 DGJ32/TJ 109—2010 附录 A 与苏 G03—2012 的比较举例（C60）

序号	依据	型号	壁厚（mm）	长度（mm）	抗裂弯矩值（kN·m）	极限弯矩值（kN·m）	极限剪力值（kN）	主要区别
1	DGJ32/TJ 109—2010	A	95	7～12	53	99	228	比较发现，图集中力学性能指标要求有的比规程的要求低，实际检测时需注意区别
		AB			66	132	230	
		B		7～13	73	158	240	
		C			87	188	255	
2	苏 G03—2012	A	95	7～12	49	88	214	
		AB			59	119	225	
		B		7～13	73	158	240	
		C			87	188	255	

3.5.8.3 实际检测工作应注意事项

在实际检测工作中，有的管桩按照国家建筑标准设计图集生产，有的按照地方图集生产，如按江苏省图集生产，那么在检测时就不能完全套用 GB 13476—2009《先张法预应力混凝土管桩》上的管桩抗弯性能（详见 GB 13476—2009 中表 4）和抗剪性能（详见 GB 13476—2009 中表 C.1）的相应数值。即使按照国家建筑标准设计图集 10G409《预应力混凝土管桩》，其管桩抗弯性能检验值与 GB 13476—2009 是一致的，但开裂剪力检验值则不完全相同。该图集中包含有 PHC 桩（C80）和 PC 桩（C60、C70）两种，而 GB 13476—2009 中只列出 PHC 桩一种要求，其检验破坏标志分别见于 GB 13476—2009 中第 5.6 条及 C.1.2 和 C.1.3 条。我们仅以 PHC—400（95）AB—C80—9 为例，如表 3.12 所示。

表 3.12　按国标 10G409 生产和按苏 G03—2012 生产的管桩力学性能检验指标比较

序号	项目	10G409 国家建筑标准设计图集	苏 G03—2012 江苏省工程建设标准设计图集	主要区别
1	开裂弯矩检验值（kN·m）	64	61	抗弯性能和抗剪性能指标值有所不同，省标的要求高一些
2	极限弯矩检验值（kN·m）	106	123	
3	抗弯性能承载力检验标志	按照 GB 13476—2009 执行：当加载至极限弯矩时，管桩不得出现下列情况： a）受拉区混凝土裂缝宽度达到 1.5mm； b）受拉钢筋被拉断； c）受压区混凝土破坏	按照苏 G03—2012 执行：极限弯矩对应的管桩抗弯承载力检验系数为［γ_u］=1.35，查 GB 50204—2002（2011 年版）中表 9.3.2 对应的检验标志为：受拉主筋处的最大裂缝宽度达到 1.5mm 或挠度达到跨度	
4	开裂剪力性能值（kN）	200	设计剪力值：168 极限剪力值：235	
5	抗剪性能检验标志	按照 GB 13476—2009 执行，当加载至表 C.1 中的抗裂剪力时，桩身不得出现裂缝	按照苏 G03—2012 执行取［γ_u］=1.40，查 GB 50204—2002（2011 年版）中表 9.3.2 对应的受弯构件的受剪，其检验标志为腹部斜裂缝达到 1.5mm，或斜裂缝末端受压混凝土剪压破坏	

在实际检测工作中，经常会出现检测人员将检验标志混用，得出不正确的结果，如按照江苏省图集生产的管桩实际抗剪性能检测数据如表 3.13 所示。在表 3.13 中，PHC 400 AB 95—9 GB 13476 预应力高强混凝土管桩的设计剪力值为 168kN，极限剪力值为 235kN，其抗剪承载力检验系数［γ_u］=235/168=1.40。

表 3.13　PHC 400 AB 95—9 GB13476 检测数据

序号	系数 k	分级加载值（kN）	累计加载值 P_c（kN）	抗剪剪力 Q（kN）	裂缝量测值（mm）破坏情况
设备自重 3.2					
1	0.2	64.0	67.2	33.6	
2	0.4	70.4	134.4	67.2	
3	0.6	131.2	201.6	100.8	

续表

序号	系数 k	分级加载值（kN）	累计加载值 P_c（kN）	抗剪剪力 Q（kN）	裂缝量测值（mm）破坏情况
设备自重 3.2					
4	0.8	137.6	268.8	134.4	
5	1.0	198.4	336.0	168.0	
6	1.1	171.2	369.6	184.8	
7	1.2	232.0	403.2	201.6	
8	1.3	204.8	436.8	218.4	
9	1.4	265.6	470.4	235.2	未见裂缝
10	1.45	221.6	487.2	243.6	加载过程中出现裂缝，斜裂缝最大宽度为 0.52mm
11	1.50	282.4	504.0	252.0	持荷结束后，斜裂缝最大宽度达 1.30mm
12	1.55	238.467.2	520.8	260.4	持荷过程中，斜裂缝最大宽度为 1.70mm

根据表 3.13 的数据，有的检测人员说抗裂剪力实测值为 235.2kN，因为根据 GB 13476—2009 中的 C.1.2 条，加载至抗裂剪力时，桩身不得出现裂缝；有的说取 252.0kN，因为根据苏 G03—2012 取［γ_u］＝1.40，对应的检验标志为腹部斜裂缝达到 1.5mm 或斜裂缝末端受到混凝土剪压破坏。我们更赞成后者，因为管桩是按照省标生产的，那么检验也应按省标判定，否则会造成结论混乱。

3.5.8.4　检查时的注意事项

（1）在 GB 13476—2009 的 6.4.2 条和 6.4.3 条中对抗弯试验的桩长作了规定，无论是单节桩长还是两根管桩焊接后的长度都有上限值和下限值。因为管桩过短，会增加剪切力对抗弯检验值的影响；管桩过长，则可能因自重过大而断裂，如表 3.14 所示。

表 3.14　抗弯试验用管桩的长度

外径 D（mm）	300	400	500	600	700	800	1000	1200	1300	1400
最短单节桩或两根最短焊接桩节桩长（m）	5	6	7	8	9	10	12	14	15	16
最长单节桩或两根最长焊接桩节桩长（m）	11	12	15	15	15	30	30	30	30	30

（2）在 GB 13476—2009 的附录 C 中描述了抗剪试验方法。在 C.2.1 条有“剪跨 b 取 1.0D，试件悬出长度 l_1 取（1.25～2.0）D”。这里 D 指管桩的外径。

那么用作抗剪试验的桩长与用作抗弯试验的桩长就不能一样，要比抗弯试件短很多，如表3.15所示。如果管桩过长，则悬出长度过长，不仅增加支座负荷还改变试件受力状态，实际检测时可能要截桩。

表3.15 抗剪试验用管桩的长度

外径 D (mm)	300	400	500	600	700	800	1000	1200	1300	1400
b (m)	0.3	0.4	0.5	0.6	0.7	0.8	1.0	1.2	1.3	1.4
l_1 (m)	0.375～0.6	0.5～0.8	0.625～1.0	0.75～1.2	0.875～1.4	1.0～1.6	1.25～2.0	1.5～2.4	1.625～2.6	1.75～2.8
抗剪桩长度 L (m)	2.35～2.8	2.8～3.4	3.25～4.0	3.7～4.6	4.15～5.2	4.6～5.8	5.5～7.0	6.4～8.2	6.85～8.8	7.3～9.4

（3）GB 13476—2009中的图C.1管桩抗剪试验示意图可做修改，管桩抗剪试验装置与抗剪试验装置相似，区别主要是支座的间距及加荷跨距[27]。对于外径小于1200mm且单节桩长不大于15m时，加荷跨距均为1m，当外径大于800mm且单节桩长大于15m时，抗弯试验加荷跨距等于管桩外径D的2倍，图C.1的分配梁支座和管桩下的支座应是简支梁形式，即一端为固定铰支座，另一端为滚动铰支座，标准中图C.1容易被认为采用两端都是固定铰支座的支承形式。

3.5.8.5 结语

（1）预应力混凝土管桩分为PHC桩和PC桩，GB 13476—2009中只列出了PHC桩的力学性能要求的数据；

（2）按照国标图集10G409生产的管桩执行国标图集的要求力学性能指标进行抗弯、抗剪性能检测；

（3）按照省标图集苏G03—2012生产的管桩则应按省标要求的力学性能指标检测，不能套用GB 13476—2009中的数据；

（4）GB 13476—2009在修订时，建议修改抗剪试验的图示；

（5）管桩抗弯试件和抗剪试件长度有明显不同。

该文已经发表于《工程质量》，具体信息如下：

丁百湛，孙明，雍洪宝．浅谈预应力混凝土管桩抗弯性能和抗剪性能的检测[J]．工程质量，2014（3）：34-37.

少年辛苦终身事，莫向光阴惰寸功。

——杜荀鹤

3.5.9 建筑施工现场对砌块类产品强度检测不合格处理方法的探讨

3.5.9.1 前言

在建筑工程施工现场进行的质量监测工作中，检测机构遇到的块状墙体材料主要有：填充墙用轻集料混凝土小型空心砌块、蒸压加气混凝土砌块、烧结空心（多孔）砌块等，现在又出现了复合保温砌块和蒸压泡沫混凝土砌块等产品。这些砌块产品在出厂时都要按各自的产品标准检测合格后才能使用。但是，实际在建筑工地进行的检验或复验时，常常会出现砌块类产品检测不合格，甚至有砌块已经砌筑上墙后才发现不合格［不合格指标主要是抗压强度（强度标识）和密度检测不合格］。这时给施工企业、砌块类产品供应商、监理单位带来了一个大难题，该如何处理已经砌筑上墙承重用或非承重用墙体砌块呢？

下面就上述问题与同行共同探讨之。

3.5.9.2 砌块产品标准有关批量和判定规则的描述

我国目前各种墙体材料用砌块类产品的产品标准中，都对抽样批量和判定规则有相应的要求，但又不一致（或统一）。表3.16是摘录汇总结果。

表3.16 我国砌块类产品的"产品标准"中对抽样批量和判定规则的规定条款

序号	标准名称	检验批的划分	判定规则	备注
1	GB/T 8239—2014《普通混凝土小型砌块》	以同一种原材料配制成的相同规格、龄期、强度等级和相同生产工艺生产的500m³且不超过3万块砌块为一批，每周生产不足500m³且不超过3万块砌块按一批计	当所有项目的检验结果均符合本标准第6章各项技术要求的等级时，判该批砌块符合相应等级，否则判不合格	GB/T 8239—2014与GB 8239—1997《普通混凝土小型空心砌块》相比，批量划分方法和数量不同（原为10000块为一批），判定规则基本没变
2	GB/T 13545—2014《烧结空心砖和空心砌块》	检验批的构成原则和批量大小按JC/T 466规定。3.5万～15万块为一批，不足3.5万块按一批计	出厂检验结果的判定，按出厂检验项目和在时效范围内最近一次型式检验结果进行判定。其中有一项不符合标准要求，则判为不合格	GB/T 13545—2014与GB 13545—2003《烧结空心砖和空心砌块》相比，批量划分和判定规则基本未变，但取消了强度和密度的联合判定
3	GB/T 26538—2011《烧结保温砌块》	检验批的构成原则和批量大小按JC/T 466规定。3.5万～15万块为一批，不足3.5万块按一批计	出厂检验质量等级的判定，按出厂检验项目和在时效范围内最近一次型式检验中的石灰爆裂、泛霜、抗风化性能、放射性核素限量、传热系数和吸水率检验项目中质量等级进行判定。其中有一项不符合标准要求，则判为不合格	—

续表

序号	标准名称	检验批的划分	判定规则	备　注
4	GB/T 13544—2011《烧结多孔砖和多孔砌块》	检验批的构成原则和批量大小按 JC/T 466 的规定。3.5 万～15 万块为一批，不足 3.5 万块按一批计	出厂检验的判定，按出厂检验项目和在时效范围内最近一次型式检验中的石灰爆裂、泛霜、抗风化性能等项目的技术指标进行判定。其中有一项不合格，则判为不合格	批量与烧结空心砖砌块、烧结保温砌块一致
5	GB/T 15229—2011《轻集料混凝土小型空心砌块》	砌块按密度等级和强度等级分批验收。以同一品种轻集料和水泥按同一生产工艺制成的相同密度等级和强度等级为 300m^3 砌块为一批；不足 300m^3 者亦按一批计	当所有结果均符合第 6 章各项技术要求时，则判定该批产品合格	批量不以块数表示，而以体积表示
6	GB/T 11968—2006《蒸压加气混凝土砌块》	同品种、同规格、同等级的砌块，以 10000 块为一批，不足 10000 块亦为一批	以 5 组抗压强度试件测定结果按（标准）表 3 判定其强度等级级别。当强度和干密度级别关系符合表 5 的规定，同时，5 组试件中的各个单组抗压强度平均值全部大于表 5 规定的此强度级别的最小值时，判定该批砌块符合相应等级；若有 1 组或 1 组以上小于此强度级别的最小值时，判定该批砌块不符合相应等级	批量相对较小，以 1 万块为一批
7	GB/T 29060—2012《复合保温砖和复合保温砌块》	检验批的构成原则和批量大小按 JC/T 466 规定。3.5 万～15 万块为一批，不足 3.5 万块按一批计。石膏复合砌块（GBL）的批量以 3000 块为一批次，不足 3000 块按一批计	出厂检验的判定，当外观质量、尺寸偏差和强度等级项目检测结果，均符合第 6 章的要求时，则判定该批复合保温砖或符合保温砌块合格	—

续表

序号	标准名称	检验批的划分	判定规则	备注
8	GB/T 29062—2012《蒸压泡沫混凝土砖和砌块》	同类型的砖和砌块每10万块为一批，不足10万块按一批计	1. 其他性能判定以1组抗压强度检测结果判定其抗压强度等级，符合（标准）表4相应等级要求时，判定该批产品符合相应强度等级；否则，判定该批产品不合格。 2. 总判定全部项目的检测结果，符合相应等级的技术要求规定时，则判定该批产品相应等级合格；若有某项目不合格，则对该项目进行双倍抽样复检，复检合格仍可判项目为合格；否则，判该批产品为该等级的不合格品	当仅对该产品某项目进行检测时，如检测抗压强度，若不符合标准中表4相应等级要求时，则判定该一批产品不合格；当进行全部项目检测时，则出现某项目不合格时，可以对该项目进行双倍复检

从表3.16可以看出，在建材产品标准中，烧结砌块（砖）类的产品检验批划分基本一致，均为3.5万～5万块或3.5万～15万块为一批（与块体大小无关），而非烧结类砌块则各不相同。比如轻集料混凝土小型空心砌块以体积来划分，而蒸压加气混凝土砌块、蒸压泡沫混凝土砖和砌块则以块数划分，分别以1万块和10万块为一批。另外，为了满足砌筑面积的需要，非烧结砌块都生产了一些配砖或辅助尺寸的砌块，避免砍剁整砖，从而保证每面墙体整齐统一。

3.5.9.3 建筑行业相关验收规范和技术标准对砌块批量规定和不合格的处理

作为工程质量检测机构，在对进入施工现场的墙体材料类产品进行检测时，不但要执行产品标准的规定，也必须执行建设系统颁布的相关验收规范（程）和技术标准。表3.17是目前国内相关建设系统规范（程）和技术标准中，对砌块类产品和砌体的具体要求。

表3.17 相关砌体质量验收规范和技术标准对砌块类产品检验批和强度的要求

序号	标准、规范名称	检验批划分	有关砌块强度的要求	备注
1	GB/T 50203—2011 砌体结构工程施工质量验收规范	6.2.1 小砌块和芯柱混凝土砌筑砂浆的强度等级必须符合设计要求。抽检数量：每一生产厂家，每1万小砌块为一验收批，抽检数量为一组；用于多层以上建筑的基础和底层的小砌块抽检数量不应少于2组	6.2.1 小砌块和芯柱混凝土、砌筑砂浆的强度等级必须符合设计要求	—

续表

序号	标准、规范名称	检验批划分	有关砌块强度的要求	备注
2	GB 50574—2010 墙体材料应用统一技术规范	—	3.2.2 块体材料强度等级应符合下列规定：用于承重墙的普通轻骨料混凝土小型空心砌块最低强度等级为MU7.5，蒸压加气混凝土砌块最低强度等级为A5.0，用于自承重墙的轻骨料混凝土小型空心砌块最低强度等级为MU3.5，蒸压加气混凝土砌块为A2.5，烧结空心砖和空心砌块、石膏砌块为MU3.5	用于承重墙和自承重墙的砌块类产品，强度有不同要求
3	GB/T 50344—2004 建筑结构检测技术标准	5.2.3 砌筑块材强度的检测，应将块材品种相同，强度等级相同，质量相近，环境相似的砌筑构件划为一个检验批，每个检测批砌体的体积不宜超过250m³。 5.2.7 砖和砌体的取样检测，检验批试样的数量应符合相应产品标准的规定，当对检测批进行推定时，块材试样的数量尚应满足本标准第3.3.15条和第3.3.16条对推定区间的要求；块材试样强度的测试方法应符合相应产品标准的规定	2.2 砌筑块材的强度，可采用取样法、回弹法、取样结合回弹的方法或钻芯的方法检测。 5.2.10 当条件具备时，其他块材的抗压强度可采用取样结合回弹的方法检测，检测操作可参照本章第5.2.9条的规定进行。(5.2.9条描述用取样结合回弹的方法检测烧结普通砖块体强度)	已经砌筑上墙的块材强度检测，可采用四种方法。但未明确砌块类产品具体适用哪种方法
4	GB/T 50315—2011 砌体工程现场检测技术标准	14.1.2 回弹法在每个检测单元中应随机选择10个测区。每个测区的面积不宜小于1.0m²，应在其中随机选择10块条面向外的砖作为10个测位供回弹测试。 3.4.7 各类砖的取样检测，每一检测单元不应少于一组；应按相应的产品标准，进行砖的抗压强度试验和强度等级评定	3.4.2 砌体工程的现场检测方法，可按测试内容分为下列几类：5 检测砌筑块体抗压强度可采用烧结砖回弹法、取样法	方法主要适用于烧结砖及砌块的现场检测。而对非烧结类的混凝土砌块、蒸压加气混凝土砌块是否适用，未明确

续表

序号	标准、规范名称	检验批划分	有关砌块强度的要求	备注
5	GB/T 50300—2013 建筑工程施工质量验收统一标准	3.0.4 符合下列条件之一时，可按相关专业验收规范的规定适当调整抽样复验、试验数量，调整后的抽样复验、试验方案应由施工单位编制，并报监理单位审核确认。1）同一项目中由施工单位的多个单位工程，使用同一生产厂家的同品种、同规格、同批次的材料、构配件设备；2）同一施工单位在现场加工的成品、半成品、构配件用于同一项目中的多个单位工程；3）在同一项目中，针对同一抽样对象已有检验结果可以重复利用	5.0.6 当建筑工程施工质量不符合要求时，应按下列规定进行处理： 1. 经返工或返修的检验批，应重新进行验收； 2. 经有资质的检测机构检测鉴定能够达到设计要求的检验批，应予以验收； 3. 经有资质的检测机构检测鉴定达不到设计要求，但经原设计单位核算确认能够满足安全和使用功能的检验批，可予以验收	明确了当遇到施工质量不符合要求时，包括因块材强度不够引起的不符合的处理办法
6	JGJ/T 371—2016 非烧结砖砌体现场检测技术规程	6.1.2 各类非烧结砖或普通小砌块的取样检测，每一检测单元的砌体不应少于一组；该组块材应从不少于3片墙体中取出。每个块材均不应有缺棱、掉角、裂缝等缺陷。 6.2.2 每个测区应随机选择5个测位，测位宜选择在承重墙的可测面上，在每个测位中随机选择1块条面向外的砌块供回弹测试。测试的砌块与墙体边缘的距离宜大于400mm	1.0.2 本规程适用于非烧结砖砌体工程中砌体抗压强度、砌体抗剪强度、砌筑砂浆强度和砌筑块体强度的现场检测及强度推定。 3.4.2条第4款检测砌筑块体强度可采用从砌体中抽取块材试验法、混凝土小砌块回弹法	针对混凝土砌块强度不合格，可采取抽取块材试验法和混凝土小砌块回弹法两种检测方法

从表3.17可以看出，相关验收规范和技术标准对施工现场砌块类产品的验收批划分，与产品标准的检验批量有明显不同，不能混为一谈。同时GB 50300—2013《建筑工程施工质量验收统一标准》对一些容易出现的问题作了规定。例如，在GB 50203—2011《砌体结构工程施工质量验收规范》规定混凝土砌块的强度等级必须符合设计要求；而GB 50300—2013《建筑工程施工质量验收统一标准》中对进现场材料或成品，要求进行进场检验，检验合格后方可使用，但有时由于各种原因还会有不合格的砌块用于工程中，这时则可以按照

“5.0.6 条”进行处理。可以按照 GB/T 50344—2004《建筑结构检测技术标准》的 5.2.2 条采取措施，对砌体进行检测；特别是对应用于承重墙体结构上混凝土砌块，可按照 JGJ/T 371—2016《非烧结砖砌体现场检测技术规程》相关条款规定，采用抽取块材试验法或采用混凝土小砌块回弹法进行检测。

3.5.9.4 对已经上墙强度不合格砌块的处理建议

有时由于工期紧或检测不及时，造成砌块强度不合格就上墙的现象，这时该怎么处理呢？对用于非承重墙的混凝土小型空心砌块和蒸压加气混凝土砌块以及泡沫混凝土砌块等非烧结砌块，均可采用 JGJ/T 371—2016《非烧结砖砌体现场检测技术规程》中的抽取块材试验法，或参考采用 GB/T 4111—2013《混凝土砌块和砖试验方法》中附录 B“取芯法”检测，芯样直径可为 70mm 或 100mm。这两种方法虽有一定破坏性，但对整个非承重墙体结构影响不大。当对用于承重墙体的混凝土砌块时，最简单的检测方法就是采用混凝土砌块回弹法，其优点是不破坏已有砌体结构。另外，对于强度较低的加气混凝土砌块和泡沫混凝土砌块，也可以参考砌筑砂浆的检测方法，如砂浆回弹法和砂浆贯入法等现场检测方法，因为它们的强度较为接近且较为简便，希望标准编制人员可以考虑。现场检测结果分为三种情况：第一种为合格（满足设计要求），可予以验收；第二种为达不到设计要求、但经原设计单位核算确认，能够满足安全和使用功能的检验批，可予以验收；第三种为不满足设计要求，需加固处理后再予以验收，或完全推倒重来。

3.5.9.5 结语

根据以上对相关产品标准、施工质量验收规范等的理解，我们在实践中对于施工现场的混凝土砌块类产品进行检测时，采取以下三条处理方式：

（1）进场送检的混凝土砌块强度，当发现不合格一般不能复检，应通知施工队予以退场处理。

（2）若在不合格检测结果出来时砌块已经被砌筑到了工程中，烧结砌块可按 GB/T 50315—2011《砌体工程现场检测技术标准》对砌体进行检测，混凝土砌块等非烧结砌块砌体则按 JGJ/T 371—2016《非烧结砖砌体现场检测技术规程》进行检测，以最终确定是否需要将砌体完全推倒重来。

（3）砌体结构施工的最终验收，应按 GB 50300—2013《建筑工程施工质量验收统一标准》中 5.0.6 条执行。

该文已经发表于《建筑砌块与砌块建筑》，具体信息如下：

丁百湛，孙明．建筑施工现场对砌块类产品强度检测不合格处理方法的探讨[J]．建筑砌块与砌块建筑，2014（4）：24-26.

读书切戒在慌忙，涵泳工夫兴味长。

——陆九渊

3.5.10 建设工程工地常见检测形式

3.5.10.1 见证取样

见证取样检测是最常见的检测形式，就是在建设单位或监理人员的见证下进行取样送检或现场见证检测。取样和送检由施工单位取样员在见证人员的见证下进行，并且取样员和见证人员均须在委托单上签字，送至第三方实验室进行检测。

3.5.10.2 现场见证检测

现场见证检测是由第三方实验室检测人员在见证人员旁站下进行的现场实体检测，比如在监理见证下由第三方实验室检测人员进行的混凝土构件回弹检测。

3.5.10.3 平行检验

平行检验是项目监理机构利用一定的检查或检测手段在承包单位自检的基础上按照一定的比例独立进行检查或检测的手段。平行检验作为工程建设监理对质量过程进行控制的重要手段之一，必须按照一定比例进行，实施主体为监理人员。

3.5.10.4 质量抽查（巡查）

工程质量抽查（巡查）是工程质量监督采取的具体方式。抽查是指监督机构对工程质量责任主体、质量检测单位的质量行为及工程实体质量随机进行的抽查活动。工程质量抽查分为工程质量行为抽查和工程实体质量抽查两种方式。工程质量行为抽查是指监督机构对工程质量主体和质量检测等单涉及工程主体机构安全和主要使用功能的工程实体质量进行监督抽查的活动监督抽查巡查由工程质量监督组织监督抽查必须填写抽查巡查记录，抽查巡查记录应写好抽查内容、抽查部位、抽查记录和施工单位代表均应签字确认。

3.5.10.5 监督抽测

工程质量监督抽测是指监督机构运用便携式检测仪器设备对工程实体质量进行承重结构混凝土强度主要受力钢筋混凝土保护层厚度，现浇楼板结构厚度；安装工程中涉及安全及重要使用功能的项目（如导线测试、接地电阻）；桥梁工程、隧道工程主体结构混凝土强度、截面尺寸、钢筋混凝土保护层厚度和位置等。抽测实施主体为工程质量监督机构。

3.5.10.6 监督抽检

监督抽检是监督机构经监督抽查或抽测发现工程质量不符合工程建设强制性

标准，或对过程质量有怀疑应责成有关单位委托有资质的检测单位进行检测，分为以下 7 种情况：

（1）未按规定办理工程质量监督手续违规施工；

（2）工程质量控制资料未能真实反映实体质量控制情况；

（3）建筑材料或设备使用前未按规定见证取样送检；

（4）建筑材料或设备见证取样不合格者未按规定处理；

（5）建筑材料或设备经监督抽查怀疑存在质量缺陷；

（6）涉及结构安全或重要使用功能的实体质量经监督抽测结果不符合要求；

（7）其他情况。

监督抽检由工程监督机构下达工程监督抽检通知书，由接受委托的法定检测机构对所列项目进行检测。建设工程工地建设单位和施工单位不仅要做好常规的见证取样检测工作，还要关注平行检验、工程质量监督抽查、抽测和抽检 4 种有关检测形式。这样才能保证工程的顺利实施和工程的最终质量。

该文已经发表于《建筑工人》，具体信息如下：

丁百湛．建设工程工地常见检测形式［J］．建筑工人，2014，35（9）：35-36.

> 时人不识凌云木，直到凌云始道高。
>
> ——杜荀鹤

3.5.11 浅谈安全帽的选用和检测

3.5.11.1 前言

安全帽是对人体头部受坠落物及其他特定因素引起的伤害起防护作用的帽子，我们通常说的安全帽是职业用安全帽，如建筑施工人员戴的安全帽。安全帽的产品标准为《安全帽》GB 2811—2007，安全帽的选用标准有《头部防护 安全帽选用规范》GB/T 30041—2013。下面就安全帽的选用和检测谈一些粗浅的看法，不妥之处敬请行家批评指正。

3.5.11.2 安全帽的选用

1. 安全帽选用的总体要求

安全帽选用的总体要求有 5 条。第 1 条：安全帽应符合《安全帽》GB 2811—2007 产品标准的要求；第 2 条：安全帽应在产品规定的年限内选用［每顶安全帽的帽壳上都有永久标识，内容包括标准编号、制造厂名、生产日期（年、月）、有效期和材质等信息，产品名称及产品的特殊技术性能（如果有）］；第 3 条：安全帽各部位应完好，无异常；第 4 条：制造商应取得国家规定的相关资质并在有效期内；第5条：安全帽应按功能、样式、颜色、材质的顺序进行选择，选择程序按照《头部防护 安全帽选用规范》GB/T 30041—2013中图A.1进行。

2. 安全帽功能的选择

按适用条件不同，选择具有不同防护功能的安全帽，详见表3.18。

表3.18 安全帽功能的选择

序号	适用场所	安全帽应具备的性能
1	在可能存在物体坠落、碎屑飞溅、磕碰撞击、穿刺、挤压摔倒及跌落等伤害头部的场所	应佩戴至少具有基本技术性能的安全帽，即普通安全帽。基本技术性能包括冲击吸收性能、耐穿刺性能和下颏带强度，比如建筑行业佩戴的安全帽
2	当作业环境中可能存在短暂接触火焰、短时局部接触高温物体或暴露于高温场所	应选用具有阻燃性能的安全帽（阻燃性能属于安全帽的特殊技术性能之一）
3	当作业环境中可能发生侧向挤压，包括可能发生塌方、滑坡的场所，存在可预见的翻倒物体，可能发生速度较低的冲撞的场所	应选用具有侧向刚性的安全帽，防止头部受到挤压伤害，如坑道、矿井作业佩戴的安全帽
4	当作业环境对静电高度敏感、可能发生引爆燃或需要本质安全时	应选用具有防静电性能的安全帽（同时所穿戴的衣物应遵循防静电规程的要求），如石化、煤矿等行业佩戴的安全帽
5	当作业环境中可能接触400V以下三相交流电时	应选用具有电绝缘性能的安全帽，如电力行业佩戴的安全帽
6	当作业环境中需要保温且环境温度不低于−20℃的低温作业场所	应选用具有防寒功能或与佩戴的其他防寒装配不发生冲突的安全帽
7	根据工作的实际情况可能需要某些特殊性能，如防高压电性能、耐极高温性能等	制造商和采购方应按照GB 2811—2007作业技术方面的补充协议

3. 安全帽样式的选择

安全帽样式的选择，应根据作业环境和作业防护要求的不同，进行不同的选择，详见表3.19。

4. 安全帽颜色的选择

安全帽颜色的选择有4条规定，详见表3.20。

5. 安全帽材料的选择

选用安全帽的材料不应与作业环境发生冲突。具体帽壳材料特点及适用场合详见表3.21。

表 3.19 安全帽样式的选择条件

序号	作业环境/作业防护要求	选择的安全帽样式
1	可能发生淋水、飞溅渣屑及阳光、强光直射眼部时	选择大沿、大舌安全帽
2	当作业环境为狭窄场地时	选择小沿安全帽
3	焊接作业时	选择符合 GB/T 3609.1 要求的防护面罩与安全帽进行组合或选用防护面罩和安全帽一体式的防护具
4	当环境噪声暴露级 LFX · 8h ≥ 85dB (A) 时	选用的安全帽应与所佩戴的护听器适配无冲突，或佩戴带有护听器的安全帽
5	当作业场所还需对眼部进行防护时	选用的安全帽应与所佩戴的个人用眼护具适配无冲突，佩戴与安全帽组合的面罩时应符合 GB 14866 的相关规定
6	当佩戴其他头部面部防护装备时	选用的安全帽应与防护装备适配无冲突

表 3.20 安全帽颜色的选择

序号	适用条件	颜色的选择
1	安全帽颜色应符合相关行业的管理要求	如管理人员选用白色，技术人员使用蓝色
2	从安全及生理、心理上对颜色的作用与联想等角度进行充分考虑	如红色警示、白色清洁
3	当作业环境光线不足时	选用颜色明亮的安全帽
4	当作业环境能见度低时	选用与环境色差较大的安全帽或在安全帽上增加符合要求的反光条

表 3.21 安全帽材料特点及适用场合

序号	材质	特　　点	适用场合
1	玻璃钢（FRP）	质轻而硬，不导电，机械强度高，回收利用少，耐腐蚀。在紫外线、风沙雨雪、化学介质、机械应力等作用下容易导致性能下降	冶金高温、油田钻井、森林采伐、供电线路、高层建筑施工以及寒冷地区施工
2	聚碳酸酯塑料（PC）	冲击强度高，尺寸稳定性好，无色透明，着色性好，电绝缘性、耐腐蚀性、耐磨性好，有应力开裂倾向，高温易水解	油田钻井、森林采伐、供电线路、建筑施工、带电作业

续表

序号	材质	特　点	适用场合
3	丙烯腈-丁二烯苯乙烯塑料（ABS）	抗冲击性、耐热性、耐低温性、耐化学药品性及电气性能优良，不受水、无机盐、碱及多种酸的影响，但可溶于酮类、醛类及氯代烃中，受冰乙酸、植物油等侵蚀会产生应力开裂，耐候性差，在紫外光的作用下易产生降解	采矿、机械工业冲击强度高的室内常温场所
4	聚乙烯塑料（PE）	具有耐腐蚀性、电绝缘性，不宜与有机溶剂接触，以防开裂。线形低密度聚乙烯（LLDPE）具有优异的耐环境应力开裂性能和电绝缘性，较高的耐热性能，抗冲击和耐穿刺性能等	冶金、石油、化工、建筑、矿山、电力、机械、交通运输、地质、林业等冲击强度较低的室内作业
5	聚丙烯塑料（PP）	电绝缘性好，耐磨、抗刮，耐腐蚀、耐低温、冲击性差，较易老化	药品及有机溶剂作业
6	超高分子聚乙烯塑料（UHMWPE）	耐磨、耐冲击、耐腐蚀、耐低温	冶金、化工、矿山、建筑、机械、电力、交通运输、林业和地质作业
7	聚氯乙烯塑料（PVC）	不易燃、高强度、耐气候变化性以及电绝缘性良好	冶金、石油、化工、建筑、矿山、电力、机械、交通运输、地质、林业等冲击强度较低的室内作业

从表 3.21 可以看出，对于建筑行业，主要是室外作业，可以选用帽壳材料为玻璃钢、聚碳酸酯塑料和超高分子聚乙烯塑料的安全帽，而 ABS 塑料则不太合适，但建筑工地上用得很多。

3.5.11.3　安全帽的检测

1. 安全帽检测的主要技术要求

安全帽的检测主要涉及两个标准：一个是产品标准《安全帽》（GB 2811—2007）；另一个是方法标准《安全帽测试方法》（GB/T 2812—2006）。其技术要求主要包括一般要求、基本技术性能和特殊技术性能 3 个方面：一般要求主要涉及安全帽的外观结构和尺寸方面的要求；基本技术性能和特殊技术性能要求详见表 3.22。需要说明的是，有特殊性能的安全帽，可作为普通安全帽使用，具有普通安全帽的所有性能。特殊性能可以按照不同组合适用于特定的场所，具有低温特殊性能的安全帽不需做－10℃处理后的冲击吸收性能和耐穿刺性能检测。

表 3.22 安全帽的基本技术性能和特殊技术性能要求

序号	性能类别	检验项目
1	基本技术性能	1）冲击吸收性能：按照 GB/T 2812—2006 测试，经高温（50℃）处理后、低温（−10℃）处理后、浸水处理后和紫外线照射预处理后做冲击测试，传递到头模上的力不超过 4900N，帽壳不得有碎片脱落
		2）耐穿刺性能按照 GB/T 2812—2006，经与冲击吸收性能相同的条件处理后做穿刺测试，钢锥不得接触头模表面，帽壳不得有碎片脱落
		3）下颏带的强度，按照 GB/T 2812—2006 测试，下颏带发生破坏时的力值应介于 150～250N 之间
2	特殊技术性能	1）防静电性能，按照 GB/T 2812—2006 测试，表面电阻率不大于 $1\times10^9\Omega$
		2）电绝缘性能，按照 GB/T 2812—2006 测试，泄漏电流不超过 1.2mA
		3）侧向刚性，按照 GB/T 2812—2006 测试，最大变形不超过 40mm，残余变形不超过 15mm，帽壳不得有碎片脱落
		4）阻燃性能，按照 GB/T 2812—2006 测试，续燃时间不超过 5s，帽壳不得烧穿
		5）耐低温性能，按照 GB/T 2812—2006 测试，经低温（−20℃）预处理后做冲击测试，冲击力值应不超过 4900N；帽壳不得有碎片脱落；还需做穿刺测试，钢锥不得接触头模表面；帽壳也不得有碎片脱落

2. 检测不合格情况

安全帽检测不合格的性能主要包括冲击吸收性能、耐穿刺性能、下颏带的强度和侧向刚性不合格，详情见表 3.23。

表 3.23 安全帽检测常见不合格性能汇总

序号	性能名称	不合格原因
1	冲击吸收性能	经高温、低温、浸水或紫外线照射预处理后，其冲击力值>4900N，同时帽壳有碎片脱落，力值通常在 5000～7300N 之间
2	耐穿刺性能	经高温、低温、浸水或紫外线照射预处理后，钢锥有接触头模表面，帽壳有碎片脱落现象
3	下颏带的强度	下颏带发生破坏时的力值过高，通常在 280～330N 之间
4	侧向刚性	最大变形超过 40mm，通常在 45～60mm 之间；残余变形超过 15mm，通常在 16～20mm 之间

3.5.11.4 安全帽的判废

当安全帽发生下列情况时，应予判废，不得再用。

（1）不符合《安全帽》GB 2811—2007 的要求；

（2）所选用的安全帽性能与所从事的作业类型不匹配；

（3）所选用的安全帽超过有效使用期（普通安全帽的有效期印在帽壳内的标

识上，通常为两年半）；

（4）安全帽部件损坏、缺失，影响正常佩戴；

（5）所选用的安全帽经定期检验和抽查为不合格；

（6）安全帽受过强烈冲击，即使没有明显损坏；

（7）当发生使用说明中规定的其他报废条件时。

3.5.11.5　结束语

（1）安全帽的选用应与作业类型相匹配，同时按功能、样式、颜色、材料的顺序进行选择。

（2）安全帽的检测应注意基本技术性能和特殊技术性能的不同。

（3）注意安全帽的判废条件，防止误用已判废的安全帽，例如超过有效期的安全帽。

该文已经发表于《建筑安全》，具体信息如下：

丁百湛，花卉．浅谈安全帽的选用和检测［J］．建筑安全，2015，30（9）：52-55.

深林人不知，明月来相照。

——王维

3.5.12　粉煤灰中三氧化硫超标引起的路面开裂不容忽视

粉煤灰是从火力发电厂烟囱收集的燃煤粉尘，过去是一种固体废弃物，现在被广泛用于水泥、预拌混凝土和墙体材料等生产中，同时也大量用于道路施工中，主要用在二灰碎石稳定材料中，通常石灰∶粉煤灰∶碎石比例为3∶6∶41。

10多年前，昆山、南通等地屡有报道，新修的市政道路不久即出现大面积起鼓膨胀；近期，在扬州、淮安等地的小区以及校园道路路面施工1～4年后发生膨胀现象，且路面有的是沥青面层，有的是混凝土面层（图3.1）。

图3.1　路面面层起鼓开裂

那么，引起路面起鼓或开裂的原因是什么呢?

经用挖掘机刨开路面发现，其膨胀发生在二灰碎石层。本来施工时压实平整的二灰碎石层出现膨胀损坏松散现象（图3.2），从而引起面层混凝土开裂或沥青面层起拱，甚至引起路缘石断裂。

经观察分析得知，这些病害主要发生在容易积水的低洼地带或路面下有雨水管道的部位。

经对没有起拱的部位即路面完好部位钻芯取样，

图 3.2 二灰碎石层出现膨胀损坏、松散

二灰碎石可完整取出，而已经起拱的部位，二灰碎石则无法取出完整的芯样。然后分别取样做化学分析和X射线分析，发现其中含有三氧化硫和水化产物钙矾石。而且粉煤灰中三氧化硫含量达到5.4%，超过了GB/T 50146—2014《粉煤灰混凝土应用技术规范》中三氧化硫的含量不大于3.0%的要求。

而在JTG E51—2009《公路工程无机结合料稳定材料试验规程》中，粉煤灰只测二氧化硅、氧化铁和氧化铝含量，不进行三氧化硫含量的测试，因而使电厂经脱硫处理的“环保型粉煤灰”即高三氧化硫含量的粉煤灰被大量使用在道路工程中。

粉煤灰中三氧化硫、氧化铝和石灰中氢氧化钙在有水的情况下，发生水化反应生成钙矾石，钙矾石具有膨胀性，能使固相体积增大约1.2倍，从而引起二灰碎石层结构破坏，产生的膨胀应力使路面沥青层起拱或混凝土面层开裂。

同时，在骨料中还存在钢渣，经分析，钢渣中还存在游离氧化钙，其遇水生成氢氧化钙，体积也发生膨胀，两方面的共同作用加剧了病害的严重程度。多雨高温是其反应的外在条件，几场大雨过后，其在35℃以上的高温下迅速膨胀开裂。

因此建议在使用粉煤灰、钢渣等固体废弃物铺筑道路时应控制其三氧化硫、游离氧化钙含量，以免造成路面的损坏。

该文发表于《建筑工人》杂志，具体信息如下：

丁百湛，朱宇彤．粉煤灰中三氧化硫超标引起的路面开裂不容忽视 [J]．建筑工人，2018 (07)：14-15.

> 本晚不妨权放过，切身须要急思量。
>
> ——陆九渊

3.5.13 利用设备期间核查，保证检测结果有效

3.5.13.1 前言

期间核查是指为保持对设备校准状态的可信度，在两次检定或校准之间进行的核查，包括设备的期间检查和参考标准器的期间核查，有时也翻译为“运行检查”。大多数实验室认为，只要对仪器进行了定期检定或校准，出具的数据就是有效的，期间核查成为易被忽视的环节。下面我们以一事例说明设备期间核查不

是可有可无，而应受到实验室足够的关注。

3.5.13.2 期间核查的原因

期间核查通常在以下情况下进行：

（1）按每年核查次数进行；

（2）设备导出数据异常；

（3）设备故障维修或改装后；

（4）长期脱离实验室控制的设备在恢复使用前；

（5）设备经过运输和搬迁；

（6）使用在实验室控制范围外的仪器设备。

根据RB/T 214—2017第4.4.3条第3款“当需要利用期间核查保持设备检定或校准状态的可信度时，应建立和保持相关的程序”。检验检测机构应根据设备的稳定性和使用情况来判定设备是否需要进行期间核查，判定依据主要包括：a）设备检定或校准周期；b）历次检定或校准结果；c）质量控制结果；d）设备使用频率；e）设备维护情况；f）设备操作人员及环境的变化；g）设备使用范围的变化。

在CNAS-CL01：2018《检测和校准实验室能力认可准则》第6.4.10条规定“当需要利用期间核查以保持对设备性能的信心时，应按照程序进行核查”。

从上可以看出，不管是计量认证的评审准则还是实验室认可准则，对期间核查都有要求，而期间核查的时机主要应根据设备的稳定性和使用情况来判定，这里要考虑检定或校准的周期以及历次检定和校准的分析。还要考虑质量控制结果，例如能力验证及实验室间比对情况，以及使用频率、维护情况、人员及环境的变化等，可能影响设备稳定性的各种因素。

在CNAS-CL01：2018《检测和校准实验室能力认可准则》征求意见稿中，有两处提到期间核查，一是第6.4.10条“当需要利用期间核查以保持对设备性能的信心时，应按程序进行检查”，这与2006版的第5.5.10条基本一致。二是第7.7.1条谈到实验室对确保结果的有效性监控中，提到监控的方式包含“测量设备的期间核查”，因而期间核查是保证结果有效性的手段之一，而在第6.4.1条提到的能影响结果的“设备”包含“测量仪器、软件、测量标准、标准物质、参考数据、试剂、消耗品或辅助装置”。这里设备的范围更广，包含了标准物质、试剂、消耗品等。从而可以推理出这里的期间核查既包括设备的期间核查，也包括标准物质的期间核查。下面我们以一例来说明期间核查的重要性。

3.5.13.3 期间核查在实际工作中的应用

在进行冷热水用聚丙烯（PP-R）管材检测时，有一指标叫静液压强度，检测用设备为塑料管材耐压检测仪，一般为数显静液压值（MPa）和持压时间（min），通常测试温度为20℃，但有的产品需要测试95℃下的静液压强度。在常温测试时，送检的样品检测结果基本正常，既有合格的也有不合格的。设备校准周期为一年，因为使用频率不是很高，同时校准费用较高，因而未做期间核查。可是在做一知名厂家的送检样品 95℃条件下静液压强度时，发现其管材装上去打压不到 1min 及爆裂。由此我们对设备压力产生了怀疑，连续又做了几组不同知名厂家的产品，结果均不合格，这时我们推断设备压力是否不正常，是超压了吗？由于还没到校准周期，于是请校准人员进行期间核查，结果显示确实是压力显示有问题，设备显示压力为 3.97MPa 时，实测压力为 5.57MPa，高出规定值接近一半，于是经调校后，检测结果合格。检测结果对比见表 3.24。避免了误判，因而当检测结果异常时，我们要多方面查找原因，从“人、机、料、法、环、测”等多方面考虑，有时关键设备的稳定性直接影响检测结果的可信度。

表 3.24　冷热水用聚丙烯管材检测结果

<table>
<tr><th rowspan="2">序号</th><th rowspan="2">平均外径（mm）</th><th rowspan="2">最小壁厚（mm）</th><th rowspan="2">期间核查</th><th colspan="2">核查前</th><th rowspan="2">检测结果（95℃）</th><th rowspan="2">检测方法</th><th rowspan="2">判定依据</th></tr>
<tr><th>设备显示压力（MPa）</th><th>实测压力（MPa）</th></tr>
<tr><td>1</td><td>25.30</td><td>2.79</td><td rowspan="3">核查前</td><td>3.97</td><td>5.57</td><td>30s 破裂</td><td rowspan="6">GB/T 6111—2003《流体输送用热塑性塑料管材耐内压试验方法》</td><td rowspan="6">GB/T 18742.2—2002《冷热水用聚丙烯管道系统 第2部分：管材》</td></tr>
<tr><td>2</td><td>25.30</td><td>2.79</td><td>3.97</td><td>5.57</td><td>40s 破裂</td></tr>
<tr><td>3</td><td>25.29</td><td>2.80</td><td>3.98</td><td>5.58</td><td>30s 破裂</td></tr>
<tr><td>4</td><td>25.30</td><td>2.79</td><td rowspan="3">核查校准后</td><td>3.97</td><td>3.97</td><td rowspan="3">22h 未破裂</td></tr>
<tr><td>5</td><td>25.30</td><td>2.79</td><td>3.97</td><td>3.97</td></tr>
<tr><td>6</td><td>25.29</td><td>2.80</td><td>3.98</td><td>3.98</td></tr>
</table>

3.5.13.4　小结

（1）期间核查不仅适用于经常使用的设备，还适用于不常检测的设备；

（2）期间核查是保证结果有效性的方法之一，值得重视。

该文发表于《质量与认证》，具体信息如下：

丁百湛，张成芳．利用设备期间核查，保证检测结果有效［J］．质量与认证，2018（08）：71-72.

山重水复疑无路，柳暗花明又一村。

——陆游

3.5.14　异型砌块抗压强度检测方法的探讨

3.5.14.1　前言

异型砌块是指外形不是直角六面体的砌块。通常用于水利、交通、市政等构筑物工程中，其抗压强度通常不是用砌块直接试压，用最大破坏荷载除以受压面积计算，而需要进行换算或按取芯法来进行，下面就不同异型砌块产品所涉及的标准试验方法做一分析比较。

3.5.14.2 异型砌块主要涉及的标准

异型砌块主要涉及的产品标准有 GB/T 8239—2014《普通混凝土小型砌块》中3.3条的“辅助砌块”，包括各种异型砌块；JC/T 2094—2011《干垒挡土墙用混凝土砌块》中分为干垒普通砌块、干垒镶嵌砌块和干垒 T 型砌块，该标准7.4.1条规定型式检验和仲裁性检验的抗压强度试验，按附录A进行，附录A用的是取芯法；JT/T 1148—2017《公路工程水泥混凝土制品 边坡砌块》中5.3条规定抗压强度有取芯法和切割法两种；还有 CJJ/T 230—2015《排水工程混凝土模块砌体结构技术规程》中3.2.12条规定混凝土模块抗压强度试验方法应符合本规程附录B的规定，附录B中规定了两种方法：一种为换算法，另一种为取芯法。

3.5.14.3 异型砌块抗压强度试验方法的比较

异型砌块抗压强度试验方法目前主要标准有 GB/T 4111—2013《混凝土砌块和砖试验方法》、JC/T 2094—2011《干垒挡土墙用混凝土砌块》、JT/T 1148—2017《公路工程水泥混凝土制品边坡砌块》和 CJJ/T 230—2015《排水工程混凝土模块砌体结构技术规程》。其主要方法列于表3.25。

表3.25 异型砌块抗压强度试验方法比较

序号	检测依据标准及条款	主要内容	特点
1	GB/T 4111—2013 附录B（取芯法）	试件数量：5个，试件直径为（70±1）mm或（100±1）mm，高径比以1.00为基准，一组5个试件，单个芯样厚度小于56mm（芯样直径70mm）或小于80mm时（芯样直径100mm）可采用取自同一块砌块上的芯样进行同心粘结，粘结厚度应小于3mm，粘结材料有水泥砂浆、高强石膏和快硬水泥三种。加荷速度：小直径的为1～3kN/s，大直径的为2～4kN/s	1）芯样钻取方向宜与砌块成型时的布料方向垂直。 2）直径100mm的芯样其抗压强度不需换算，直径70mm的芯样需按以下公式计算： $f_{cucoe70}=1.273\times\frac{F_c}{\phi^2\times k_0}\times\eta_A\times\eta_k$ F_c——极限破坏荷载，N； ϕ——试样直径，mm； k_0——换算系数； η_A——不同高径比换算系数； η_k——1.12
2	JC/T 2094—2011 附录A	试件数量：5个，但砌块需准备6块，其中一块备用，试件直径（70±1）mm，粘结材料有高强石膏粉和水泥两种	芯样直径只有一种，计算公式与GB/T 4111—2013中的直径70mm的芯样抗压强度公式一样

续表

序号	检测依据标准及条款	主要内容	特　点
3	JT/T 1148—2017中5.3.1条取芯法、5.3.2条切割法	抗压强度分为取芯法、切割法，取芯法基本与GB/T 4111—2013一致，只是抗压强度单个值精确至0.01MPa，平均值精确至0.1MPa； 切割法切割后试件尺寸为100mm×100mm×100mm	1）取芯法抗压强度单个值精度要求高，其他要求同GB/T 4111； 2）切割法抗压强度值不需考虑尺寸效应进行强度折算
4	CJJ/T 230—2015附录B	1）换算法计算公式 $Mu=P/(LB)\times\delta/[\delta]$ δ——混凝土模块实际开孔率，即模块开孔面积与模块受压面积之比； [δ]——混凝土模块基准开孔率，取0.40。 2）取芯法：试件直径为70mm，其试件数量、粘结方法基本与GB/T 4111—2013一致，加荷速度为4～6kN/s	1）换算法要考虑模块实际开孔率折算成开孔率为4%时模块抗压强度，加荷速度为10～30kN/s，较砌块要快得多； 2）取芯法，取芯方向没有限制，不论芯样大小，加荷速度均为4～6kN/s，计算公式与GB/T 4111相同

3.5.14.4　问题讨论

1. 取芯法中换算系数k_0值的选取，依据的强度等级C20～C45指向不明

在GB/T 4111—2013附录B中，k_0依据混凝土强度等级不同而选取不同的值，如≤C20时，$k_0=0.82$，C25～C30时，$k_0=0.85$。这里的混凝土强度等级指的是砌块的强度等级还是生产砌块时混凝土的配制强度？标准中没有解释。经请教专家，这里的C20～C45是指混凝土砌块的配制强度。通常，砌块抗压强度与混凝土配制强度之比为1∶（2.5～3.0），即MU10砌块，若取芯时，k_0取C25～C30对应的$k_0=0.85$。而在JC/T 2094—2011中，干垒砌块的抗压强度等级分为MU15.0、MU20.0、MU25.0、MU30.0和MU35.0五个等级，在其附录A中明确表明k_0值对应的强度等级为MU20～MU35，就不存在选择障碍。因而建议GB/T 4111—2013在修订时，也将C20～C45改为砌块对应的抗压强度等级要求，便于检测人员选择。因为通常客户是建设单位，其委托时，通常很难知道砌块的配制强度是多少。

2. 建议研究非破损检测方法，解决异型砌块强度检测问题

异型砌块由于不易于直接试压（一是量程大，二是试块尺寸大），通常采用取芯法检测。虽然准确，但费时费工，成本很高。若能采用非破损法，将会提高检测速度。在JC/T 2094—2011中有提到出厂检验时用回弹法检测砌块抗压强

度。另外在JGJ/T 371—2016《非烧结砖砌体现场检测技术规程》中，针对砌筑块材强度检测方法有原位取样法和普通小型砌块回弹法。其中普通小型砌块回弹法也是非破损检测方法。实际检测时，异型砌块的壁厚足以满足回弹的要求，建议GB/T 4111在修订时能够考虑此方法或更加简便的非破损测强方法。

3.5.14.5 结语

（1）异型砌块抗压强度检测主要采用取芯法，但不同标准规定的方法有所不同；

（2）换算系数k_0值选取应与砌块强度等级相对应，而不是生产时混凝土的配制强度；

（3）建议修订国家标准时考虑异型砌块的非破损检测方法。

该文发表于《砖瓦》，具体信息如下：

丁百湛，张成芳．异形砌块抗压强度检测方法的探讨［J］．砖瓦，2018（9）：62-63.

> 不畏浮云遮望眼，只缘身在最高层。
>
> ——王安石

3.5.15 关于检验检测设备检定或校准结果确认的思考

3.5.15.1 前言

工程质量检测机构一般都会用到万能试验机、拉力试验机或压力试验机（下面统称为力学试验机），若按是否分挡，力学试验机分为三种：1）分挡的试验机；2）不分挡的试验机；3）自动换挡的试验机[28]。对于不同的试验机，检定或校准点是不同的，需要引起注意。下面就力学试验机设备检定或校准确认在工作中遇到的问题做些讨论，不足之处，敬请指正。

3.5.15.2 前言涉及力学试验机的计量技术规范

涉及拉力、压力和万能试验机检定/校准的计量技术规范主要有：1）JJG 139—2014《拉力、压力和万能试验机检定规程》；2）JJG 475—2008《电子万能试验机检定规程》；3）JJG 1063—2010《电液伺服万能试验机检定规程》。

JJG代表“中华人民共和国国家计量检定规程”，而JJF代表“中华人民共和国国家计量技术规范”。

表3.26 有关拉力、压力试验机的计量技术规范比较

序号	计量性能要求	JJG 139—2014			JJG 475—2008			JJG 1063—2010	
1	试验机级别	0.5	1	2	0.5	1	2	0.5	1

续表

<table>
<tr><th>序号</th><th>计量性能要求</th><th colspan="3">JJG 139—2014</th><th colspan="12">JJG 475—2008</th><th colspan="2">JJG 1063—2010</th></tr>
<tr><td>2</td><td>示值相对误差 q（%）</td><td>±0.5</td><td>±1.0</td><td>±2.0</td><td colspan="4">±0.5</td><td colspan="4">±1.0</td><td colspan="4">±2.0</td><td>±0.5</td><td>±1.0</td></tr>
<tr><td>3</td><td>示值重复性相对误差 b（%）</td><td>0.5</td><td>1.0</td><td>2.0</td><td colspan="4">0.5</td><td colspan="4">1.0</td><td colspan="4">2.0</td><td>0.5</td><td>1.0</td></tr>
<tr><td>4</td><td>同轴度最大允许值 e（%）</td><td>15</td><td>20</td><td>25</td><td colspan="4">12</td><td colspan="4">15</td><td colspan="4">20</td><td>12</td><td>15</td></tr>
<tr><td rowspan="2">5</td><td rowspan="2">引伸计示值相对误差（%）</td><td colspan="3" rowspan="2">—</td><td colspan="3">0.2 级</td><td colspan="3">0.5 级</td><td colspan="3">1 级</td><td colspan="3">2 级</td><td colspan="2" rowspan="2">按 JJG 762—2007 进行</td></tr>
<tr><td colspan="3">±0.2</td><td colspan="3">±0.5</td><td colspan="3">±1.0</td><td colspan="3">±2.0</td></tr>
<tr><td>6</td><td>零点漂移 z（%）</td><td>±0.5</td><td>±1</td><td>±2</td><td colspan="4">±0.1</td><td colspan="4">±0.2</td><td colspan="4">±0.5</td><td>±0.5</td><td>±1</td></tr>
<tr><td>7</td><td>后续检定项目</td><td colspan="3">1）示值相对误差
2）示值重复性相对误差
3）0.5 级需要检定同轴度
4）电子式试验机，需检定零点漂移</td><td colspan="12">1）同轴度（e）（适用于 0.5 级）
2）试验力示值相对误差（q）
3）试验力示值重复性相对误差（b）
4）引伸计示值相对误差</td><td colspan="2">1）试验力示值误差
2）试验力示值重复性误差
3）同轴度
4）零点漂移
5）变形测量系统</td></tr>
<tr><td>8</td><td>适用范围</td><td colspan="3">适用于开环控制的试验机，包括小负荷材料试验机、微小力值试验机</td><td colspan="12">适用于具备闭环控制功能的电子拉力（压力）试验机的检定</td><td colspan="2">适用于最大试验力不大于 3MN 的电液伺服万能试验机的首次检定、后续检定和使用中检验，电液伺服压力试验机也可参照执行</td></tr>
</table>

从表 3.26 可以看出，适用于拉力、压力或万能试验机检定/校准的计量技术规范主要有 JJG 139—2014《拉力、压力和万能试验机检定规程》、JJG 475—2008《电子万能试验机检定规程》以及 JJG 1063—2010《电液伺服万能试验机检定规程》。其中 JJG 139—2014 主要适用于开环控制的万能试验机，而 JJG 475—2008 主要适用于闭环控制的电子拉力（压力）试验机的检定/校准。

试验机设备的后续检定项目通常包括示值相对误差、示值重复性相对误差和同轴度三项指标，而对于电子式试验机以数字显示结果的还要检定零点漂移。那么什么是开环控制和闭环控制呢？通常，传统的万能机或拉（压）力试验机需要人工手动完成加载，通过人工旋转控制送（回）油阀门大小来调节加荷速度或位移速度，这属于开环控制，而通过电子采集器等实现应力、应变或位移自动调节的就属于闭环控制。现在主要的力学设备已实现闭环控制，因而不管是电子式万能试验机还是电液伺服式万能试验机均以闭环控制为主。

3.5.15.3 检验检测机构使用的力学试验机主要类型

通常检验检测机构，用于检测拉力或压力的试验机有液压式万能试验机、电子式万能试验机或电液伺服万能试验机；或单纯只做拉伸或压缩的拉力试验机或压力试验机。主要涉及的产品标准有GB/T 3159—2008《液压式万能试验机》、GB/T 16491—2008《电子式万能试验机》和GB/T 16826—2008《电液伺服万能试验机》，其性能比较见表3.27。

表3.27 液压万能试验机、电子式万能试验机和电液伺服万能试验机主要性能比较

<table>
<tr><th>序号</th><th>主要内容</th><th colspan="3">GB/T 3159—2008</th><th colspan="2">GB/T 16491—2008</th><th colspan="2">GB/T 16826—2008</th></tr>
<tr><td>1</td><td>适用范围</td><td colspan="3">适用于金属、非金属材料力学性能试验用的液压式万能试验机和液压式压力试验机</td><td colspan="2">适用于金属材料、非金属材料进行拉伸、压缩、弯曲和剪切等力学性能试验用的电子式万能试验机，也适用于电子式拉力试验机和电子式压力试验机</td><td colspan="2">适用于金属、非金属材料的拉伸、压缩、弯曲和剪切等力学性能试验用最大试验力不大于3000kN的电液伺服万能试验机，也适用于电液伺服压力试验机</td></tr>
<tr><td>2</td><td>试验机主参数（kN）</td><td colspan="3">50、100、200、500、1000、2000、5000（压力试验机）、10000（压力试验机）（每种规格分为各个力的范围，不少于3个范围）</td><td colspan="2">0.5、1、2、5、10、20、50、100、200、500、1000</td><td colspan="2">50、100、200、500、1000、2000</td></tr>
<tr><td>3</td><td>试验机的级别</td><td>0.5</td><td>1</td><td>2</td><td>0.5</td><td>1</td><td>0.5</td><td>1</td></tr>
<tr><td>4</td><td>相对分辨力 α（%）</td><td>0.25</td><td>0.50</td><td>1.00</td><td>0.25</td><td>0.50</td><td>0.25</td><td>0.5</td></tr>
<tr><td>5</td><td>测力系统的示值相对误差 q（%）</td><td>±0.5</td><td>±1.0</td><td>±2.0</td><td>±0.5</td><td>±1.0</td><td>±0.5</td><td>±1.0</td></tr>
<tr><td>6</td><td>测力系统的示值重复性相对误差 b（%）</td><td>0.5</td><td>1.0</td><td>2.0</td><td>0.5</td><td>1.0</td><td>0.5</td><td>1.0</td></tr>
<tr><td>7</td><td>检验用标准测力仪级别</td><td colspan="3">0.1级或0.3级（0.1检定0.5、1、2级试验机，0.3级检定1、2级试验机）</td><td colspan="2">符合GB/T 13634标准测力仪或力的测量准确到±0.1%的专用检验砝码</td><td colspan="2">0.1级或0.3级标准测力仪</td></tr>
</table>

从表 3.27 可以看出，电子式万能试验机和电液伺服万能试验机的级别分为 0.5 级和 1 级，而液压式万能试验机还有 2 级准确度等级的。而从试验机主参数可以看出，电子式万能试验机主要适用于小量程的试验机，如 0.5kN、10kN 等。而电液伺服万能试验机通常适用于大量程的，如 2000kN 的压力试验机。检定用标准测力仪级别要求为 0.1 级或 0.3 级，通常使用 0.3 级的，可以满足检定/校准要求的试验机。

3.5.15.4 试验机的分辨力和测力范围的下限确定

力指示装置的相对分辨力 α 应选择每个示值范围 20%的力作为参考点，按 GB/T 16825.1—2008《静力单轴试验机的检验　第 1 部分：拉力和（或）压力试验机》中 6.3 条进行计算，即 $\alpha=(r/F)\times100$，r 为分辨力，F 为设定点的力，数字式标度时，指在试验机的电动机和控制系统均启动、标准测力仪不受力的情况下，如果数学指示装置的示值变动不大于一个增量，则认为其分辨力为一个增量，如果读数变动大于上述计算的分辨力值，则应认为分辨力 r 等于变动范围的一半加上一个增量。对于可自动变换测力范围的试验机，指示装置的分辨力随着系统分辨力或增益的变化而变化。测力范围的下限，按 GB/T 16825.1—2008 中 6.4.5 条规定根据使用说明书确定，如果使用说明书没有规定或规定不规范则用分辨力的倍数确定：0.5 级试验机：$400\times r$，1 级试验机：$200\times r$，2 级试验机：$100\times r$。例如某制造商生产的微机控制电子万能试验机，配有 2 只传感器，可以测量最大力 50kN 和 5kN，其准确度等级为 0.5 级，试验力测量范围 0.4%～100%F.S.，全程不分挡，试验力分辨力为最大试验力的 1/300000，全程分辨力不变。当选用 5kN 传感器时，分辨力为 0.017N，则 $400\times r=400\times0.017=7$N，此值为其测力范围的下限。

3.5.15.5 力学试验机校准点的选择

CNAS-CL01：2018《检验和校准实验室能力认可准则》中 6.4.7 条要求“实验室应制定校准方案，并应进行复核和必要的调整，以保持对校准状态的可信度”。在 CNAS-GL033：2018《建设领域典型检验检测设备计量溯源指南》3.1 条要求“实验室应制定校准方案，以对检验检测结果总的不确定度有显著影响的所有设备（包括辅助测量设备）进行计量溯源，方案中应包括设备校准的参数、范围、不确定度/最大允差/准确度等相关要求，以及计量溯源方式、溯源周期等，以便送校时提出具有针对性的、明确的要求”。在 3.7 条要求“实验室应对检验检测设备的计量溯源结果进行确认”。确认应至少包括以下 5 条内容：1）校准证书是否满足实验室提供的技术要求，是否提供了测量不确定度信息，是否体现了溯源关系。2）检定证书是否提供了测量不确定度信息和检定结论，检定结论合格的设备带来的不确定度可按设备的最大允差进行估计。3）适用时，是否提供了修正值/修正因子或示值误差，校准曲线等。4）以非校准证书形式作为溯源证明时，实验室应确认其技术有效性，以及是否满足使用要求。5）确认校准结果是否能满足相关标准要求，并给出明确的判断结论。

通常，检定证书中提供检定结论、示值相对误差及示值重复性相对误差，而不提供设备的不确定度。实验室需根据设备等级进行判定。例如1级试验机根据相应的检定规程，其示值相对误差应在±1.0%内，示值重复性相对误差应为1.0%。当检定结论为合格时，则认为其不确定度为$U=2\%$。

还有一点需要注意的是，通常万能试验机检定或校准点选择量程的20%、40%、60%、80%和100%五点进行检定或校准。这主要是根据分挡试验机检定规程进行的。详见JJG 139—2014中第6.2.6.3a）条、JJG 475—2008中第7.2.8.5 a）条、JJG 1063—2010中第6.2.6.5 a）条规定，“对于分挡试验机：每挡的检定点不得少于5个，一般按每挡的20%、40%、60%、80%和100%均匀分布；而对于不分挡的试验机，在JJG 139—2014第6.2.6.3b）条、JJG 475—2008中7.2.8.5 b）条中均规定在最大试验力的20%～100%范围内近似等间隔分布选择5个检定点，对低于最大试验力20%的检定点应选择近似等于10%、5%、2%、1%、0.5%、0.2%和0.1%……直到测量范围的下限。

在JJG 1063—2010中第6.2.6.5b）条规定，在最大试验力的2%～100%范围内近似等间隔分布选择8个检定点。对低于满量程20%的检定点应选择近似等于10%、5%、2%。

例如我们有1台电子万能试验机，其满量程为5kN，其最大试验力20%的检定点1kN，那么低于1kN的检定点，可以选择10%、5%、2%、1%、0.5%、0.2%和0.1%，其对应的检定可以为：500N、250N、100N、50N、25N、12.5N、5N，根据说明书，其测量下限为7N，若检定点均满足使用标准规定的要求，则该设备可以用来检测力值为7～500N的样品，而不必购买小量程的传感器或试验机。

3.5.15.6　建议

根据JJG 139—2014引言中描述，JJG 139适用于开环控制的试验机，当前许多检测机构均为闭环控制万能试验机，在检定或校准时，尽量选用JJG 475—2008《电子式万能试验机检定规程》，若为电液伺服式万能试验机，则应选用JJG 1063—2010《电液伺服万能试验机检定规程》。

3.5.15.7　结语

（1）万能试验机分为开环和闭环控制试验机，闭环控制试验机又分为电子式万能试验机和电液伺服万能试验机。

（2）检定/校准点的选择分为分挡（包括自动换挡）、不分挡两种。分挡选择量程的20%、40%、60%、80%、100%五个点均匀分布；不分挡低于满量程的20%的检定点可以选择10%、5%、2.5%、1%、0.5%、0.2%和0.1%……直到测量范围的下限，测量下限可以根据设备说明书选择。

（3）根据使用要求，编制万能试验机的校准方案，检定/校准点的选择应考虑试验标准的要求，应满足标准的规定。

海内存知己，天涯若比邻。

——王勃

3.5.16 关于对工程建设类产品标准中检验规则的一点建议

3.5.16.1 前言

产品标准中的检验规则是针对产品的一个或多个特性，给出测量、检查、验证产品符合技术要求所遵循的规则、程序或方法等内容。通常，若需要规定检验规则，则应指出该检验规则的适用范围，必要时应明确界定供制造商或供应商（第一方）、用户或订货方（第二方）和合格评定机构（第三方）分别适用的检验类型、检验项目、组批规则和抽样方案以及判断规则等[29]。一般情况下，在检验规则中将产品检验分为出厂检验和型式检验，但未指出其适用于哪一方检验。从字面理解，当产品出厂前需进行出厂检验，检验的项目为产品的主要技术要求，默认为第一方实施，而型式检验一般在标准中会规定其在什么情况下来实施，而对于许多用于建筑工地的原材料、半成品或成品的进场验收所实施的检验或者说由建设单位委托第三方检验检测机构所实施的检验，在其产品标准中则鲜有提及，不知如何判定结果，是仅对样品负责，还是对批量负责？下面就此提出一点自己的看法，如有不妥之处，敬请指正。

3.5.16.2 工程建设类产品标准检验规则中检验分类现状

我们查阅一些最新公开的产品标准，发现其多数分为出厂检验和型式检验。其情况列于表 3.28。

表 3.28 工程建设类产品标准的检验分类情况

序号	产品标准名称代号	标准中检验规则里的检验分类
1	JG/T 194—2018 住宅厨房和卫生间内排烟（气）道制品	标准中 8 检验规则　排气道检验分为出厂检验和型式检验
2	JG/T 537—2018 建筑及园林景观工程用复合竹材	标准中 8.1 检验分类复合竹材的检验分为出厂检验和型式检验
3	JG/T 545—2018 卫生间隔断材料	标准中 9 检验规则 9.1.1 出厂检验，9.1.2 型式检验
4	JG/T 564—2018 建筑用陶瓷纤维防火板	标准中 9.1 检验分类分为出厂检验和型式检验
5	JG/T 558—2018 楼梯栏杆及扶手	标准中 8.1 检验分类分为出厂检验和型式检验
6	CJ/T 117—2018 建筑用承插式金属管管件	标准中 8.1 检验规则　分为出厂检验和型式检验
7	CJ/T 529—2018 冷拌用沥青再生剂	标准中 7.2 检验项目分为出厂检验和型式检验

续表

序号	产品标准名称代号	标准中检验规则里的检验分类
8	CJ/T 535—2018 物联网水表	标准中 7.1 出厂检验 7.2 型式检验
9	CJ/T 514—2018 燃气输送用金属阀门	标准中 8.1 检验分类分为出厂检验和型式检验
10	CJ/T 186—2018 地漏	标准中 8.1 出厂检验 8.2 型式检验

那么为什么这么多的产品标准在检验规则中都将产品检验分为出厂检验和型式检验两类呢？我们在许多产品标准的前言中都会发现这样一句话“本标准按照 GB/T 1.1—2009《标准化工作导则　第1部分：标准的结构和编写》给出的规则起草”。可是这个标准中并未提到将检验分类分为出厂检验和型式检验。我们查找一些比较早的产品标准，例如 GB/T 10257—2001《核仪器和核辐射探测器质量检验规则》中的第 4.2 条规定：“产品质量检验按产品标准编写要求（GB/T 1.3—1997）可分为两大类：——出厂检验（常规检验、交收检验、交付检验）、质量一致性检验；——型式检验、鉴定检验、定型检验、首件检验。”而 GB/T 1.3—1997 已被 GB/T 1.2—2002 代替，而 GB/T 1.1—2002 又被 GB/T 1.1—2009 代替。而 GB/T 1.1—2009 删除了针对产品标准的要求，使之适用范围更广。针对产品标准，专门有一个标准编写规则，即 GB/T 20001.10—2014《标准编写规则　第10部分：产品标准》。此标准适用于编写有形产品的标准，但可能未引起足够的关注。

文献[30]中，制定技术标准的基本原则：“充分考虑使用要求。社会生产的根本目的，是为了满足用户和广大消费者的需要，改善人们的生活和提高全社会的经济效益。在制定技术标准时，要把提高使用价值和使用户满意作为主要目标，正确处理好生产和使用的关系。因此，对各种技术事项的规定，要从社会需要出发，考虑使用要求。”

3.5.16.3　GB/T 20001.10—2014《标准编写规则　第10部分：产品标准》有关标准检验规则的要求

GB/T 20001.10—2014 标准规定了起草产品标准所遵循的原则、产品标准结构、要素的起草要求和表述规则以及数值的选择方法[29]。其中涉及检验规则的条款有3处。详见表 3.29。

表 3.29　GB/T 20001.10—2014 中涉及检验规则的条款

序号	GB/T 20001.10—2014 中条款内容	备　注
1	5　结构 规范性技术要素包括：术语和定义；符号、代号和缩略语；分类、标记和编码（见 6.4）；技术要求（见 6.5）；取样（见 6.6）；试验方法（见 6.7）；检验规则（见 6.8）；标志、标签和随行文件（见 6.9）；包装、运输和贮存（见 6.10）；规范性附录	其中“技术要求”为必备要素，其他规范性技术要求均为可选要素，包括检验规则

续表

序号	GB/T 20001.10—2014 中条款内容	备　注
2	6.8.1　产品标准中检验规则为可选要素，针对产品的一个或多个特性，给出测量、检查、验证产品符合技术要求所遵循的规则、程序或方法等内容。 6.8.3　若标准中需要规定检验规则，应指出该检验规则的适用范围，必要时应明确界定供制造商或供应商（第一方）、用户或订货方（第二方）和合格评定（第三方）分别适用的检验类型、检验项目、组批规则和抽样方案以及判定规则等，其内容编写参见附录 A	根据本标准中 4.2.3 条要求，起草产品标准时，应明确标准的使用者。产品标准的使用者通常有 3 类： 第一类：制造商或供应商（第一方）； 第二类：用户或订货方（第二方）； 第三类：合格评定（第三方）。 检验规则应针对上述 3 类使用者分别制定适用的检验类型、检验项目、组批规则和抽样方案及判定规则
3	附录 A. 质量评定程序或检验规则 A.1 检验分类，A.2 检验项目，A.3 组批规则和抽样方案，A.4 判定规则	附录 A 主要以示例形式讲解编写检验规则中检验分类、检验项目、组批规则和抽样方案及判定规则的要求

3.5.16.4　检验规则按照 GB/T 20001.10—2014 要求编写的标准示例

GB/T 36503—2018《燃气燃烧器具质量检验与等级评定》，2018 年 7 月 13 日发布，2019 年 6 月 1 日实施。该标准考虑了不同标准使用者，分为第一方检验、第二方检验和第三方检验等三类使用者进行要求。从标准的范围开始就考虑三类检验，并分别对三类检验的检验内容做了相关规定，详见表 3.30。

表 3.30　三类检验的内容规定

序号	检验分类	检验内容
1	第一方检验	1）过程检验规定：a）首件检验；b）巡回检验；c）完工检验； 2）质量一致性检验规定：a）抽样检验，包括最终检验、入库/出厂检验和交收检验等；b）周期检验
2	第二方检验	1）进货抽样检验：a）连续批抽样应符合 GB/T 2828.1；b）孤立批抽样应符合 GB/T 13264； 2）进货周期检验
3	第三方检验	1）型式检验；2）产品质量监督检验；3）仲裁检验

3.5.16.5　建议

现有工程建设类产品标准中，检验规则通常仅分出厂检验和型式检验两类，而实际产品从生产到使用，涉及产品的生产者、经销商、购买方和第三方检验检测机构，可以分为第一方、第二方和第三方的标准使用者。出厂检验、型式检验涉及第一方和第二方检验，需增加第二方检验的内容，即检验规则中增加第二方检验的规定，如验收检验或交货检验类别。

3.5.16.6　结语

工程建设类产品标准建设增加验收检验或交货检验的检验规则，以方便建设方的验收检验需求。

沉舟侧畔千帆过，病树前头万木春。

——刘禹锡

3.5.17　关于常用建筑钢材检测的思考

3.5.17.1　前言

在我们的日常检测工作中，我们最常遇到的钢材是热轧带肋钢筋和一些型钢、钢板和刚带，主要检测其力学性能及工艺性能。力学性能主要是通过拉伸试验，工艺性能主要是通过弯曲试验或反向弯曲试验来实现。下面我们根据实际检测经验，对一些检测中需注意的事项及问题作一简要总结，不妥之处，敬请指正。

3.5.17.2　检测所涉及的产品和方法标准

我们知道，检验检测离不开标准，在检验热轧带肋钢筋时，通常用到的标准有 GB/T 1499.2—2018《钢筋混凝土用钢　第 2 部分：热轧带肋钢筋》、GB/T 28900—2012《钢筋混凝土用钢材试验方法》、GB/T 228.1—2010《金属材料拉伸试验　第 1 部分：室温试验方法》、GB/T 17505—2016《钢及钢产品　交货一般技术要求》。

在检测型钢、钢板、钢带时，会用到的标准有 GB/T 706—2016《热轧型钢》、GB/T 3274—2017《碳素结构钢和低合金结构钢　热轧钢板和钢带》、GB/T 700—2006《碳素结构钢》和 GB/T 1591—2018《低合金钢强度结构钢》、GB/T 2975—2018《钢及钢产品　力学性能试验取样位置及试样制备》、GB/T 2101—2008《型钢验收、包装、标志及质量证明书的一般规定》。

在具体检测工程中，还会用到数值修约，通常涉及 YB/T 081—2013《冶金技术标准的数值修约与检测数值的判定》和 GB/T 8170—2008《数值修约规则与极限数值的表示和判定》。

我们将上述标准根据产品不同作一分类，便于查找使用，详见表 3.31。

表 3.31 常用钢材检测涉及的标准代号

序号	产品分类	涉及的标准代号				
		产品标准	方法标准	取样标准	复验标准	数值修约标准
1	热轧带肋钢筋	GB/T 1499.2—2018	GB/T 28900—2012 GB/T 1499.2—2018	GB/T 1499.2—2018	GB/T 17505—2016 GB/T 1499.2—2018	YB/T 081—2013
2	热轧型钢	GB/T 706—2016 GB/T 700—2006 GB/T 1591—2018	GB/T 228.1—2010 GB/T 232—2010	GB/T 2975—2018	GB/T 2101—2008	GB/T 8170—2008
3	热轧钢板和钢带	GB/T 3274—2017	GB/T 228.1—2010 GB/T 232—2010	GB/T 2975—2018	GB/T 17505—2016	GB/T 8170—2008

3.5.17.3 钢材检测中需注意的问题

1. 钢筋检测时需注意的事项

GB/T 1499.2—2018《钢筋混凝土用钢　第 2 部分：热轧带肋钢筋》于 2018 年 11 月 1 日开始实施。其重要变化是其拉伸、弯曲和反向弯曲试验采用了 GB/T 28900—2012 中的试验方法。尽管在此方法中引用了 GB/T 228.1—2010 有关拉伸的试验程序，但与 GB/T 228.1 有一些区别不容忽视。例如，在测定最大力总延伸率 A_{gt} 时规定如有争议，应采用手工方法测量（在 GB/T 228.1 第 18 条规定最大力总延伸率应用引伸计测量），这样就大大方便了检测人员，因为引伸计需装在钢筋上，待钢筋应力开始下降时才能取下，一不小心不及时取下就可能被拉坏。采用手工方法是在钢筋断后测量最大力塑性延伸率 A_g 后经过计算得到 A_{gt}（$A_{gt}=A_g+R_m/2000$，R_m 为抗拉强度实测值）。在测量 A_g 时，需注意是以一个 100mm 的标距长度进行测量，距断口的距离 r_2 至少为 50mm 或 $2d$（选择较大者），同时距夹持端口的距离 r_1 不小于 20mm 或 d（选择较大者），否则试验可视作无效。那么假设断口断在钢筋试样的中央，即断口距两端夹持距离相等，则试样至少有 $L=2(a+r_1+b+r_2)$，才能满足检测要求。我们将试样按不同直径计算，结果见表 3.32。

表 3.32 不同直径带肋钢筋所需最小长度

序号	钢筋直径 (mm)	夹持长度 a (mm)	距夹持端距离 r_1 (mm)	距断口距离 r_2 (mm)	标距长度 b (mm)	试样长度 L (mm)
1	ϕ8～20	80	≥20	≥50	100	≥500
2	ϕ22	100	≥22 取 30	≥50	100	≥504

续表

序号	钢筋直径（mm）	夹持长度 a（mm）	距夹持端距离 r_1（mm）	距断口距离 r_2（mm）	标距长度 b（mm）	试样长度 L（mm）
3	ϕ25	100	≥25 取 30	≥50	100	≥560
4	ϕ28	100	≥28 取 30	≥56 取 60	100	≥580
5	ϕ32	100	≥32 取 40	≥64 取 70	100	≥620
6	ϕ36	140	≥36 取 40	≥72 取 80	100	≥720
7	ϕ40	140	≥40 取 40	≥80 取 80	100	≥720

注：因为通常标距等分标识间距离取为 10mm，所以 r_1、r_2取 10 的倍数。

通过表 3.32 可以看出，钢筋拉伸试验长度随直径的变化而有所不同，通常钢筋取 550mm 只能满足直径 22mm 以下钢筋的拉伸要求，直径在 25mm 及以上的钢筋长度都要有所增加，以满足手工方法测量最大力下总延伸率的要求。

在进行钢筋弯曲性能检验时，根据牌号带 E 与否，决定是做弯曲试验，还是做反向弯曲试验。对于牌号带 E 的钢筋应进行反向弯曲试验；其他牌号的钢筋，根据需方要求，也可进行反向弯曲试验；同时规定可用反向弯曲试验代替弯曲试验。反向弯曲试验根据 GB/T 28900—2012 由 3 步组成：a）弯曲步骤；b）人工时效步骤；c）反向弯曲步骤。其中人工时效的温度和时间应满足相关产品标准的要求。GB/T 1499.2—2018 规定，试样经正向弯曲后在（100±10）℃温度下保温不小于 30min，经自然冷却后再反向弯曲 20°。在 GB/T 28900—2012 中规定，当产品标准没有规定人工时效工艺时，可以加热到 100℃，在（100±10）℃下保温 60～75min。常见的弯芯见表 3.33。

表 3.33　常用 HRB400 级钢筋弯曲性能弯芯直径

序号	钢筋公称直径 d（mm）	正向弯曲压头直径	反向弯曲压头直径
1	6～25	$4d$	$5d$
2	28～40	$5d$	$6d$

通过表 3.33 可以看出，正向弯曲试验和反向弯曲试验，压头直径是不同的，需要及时调整。同一种直径钢筋，反向弯曲的弯芯比正向弯曲的弯芯直径要大一个钢筋直径，检测人员应及时调换，不能不换。

弯曲试验设备分为两种，一种是弯芯和一个支辊可旋转的结构，另一种是带有两个支辊和一个弯芯（见 GB/T 232—2010 第 4 条）的装置；反向弯曲试验设备也分为两种：一种是与弯曲试验第一种设备一致；另一种是选带槽的压头和支辊。反向弯曲试验存在的主要问题是反向弯曲角度不准，仪表显示为 20°，实测可能达不到，如果研制一种反向弯曲装置不要频繁更换弯芯，角度准确的设备将会受到欢迎。

钢筋的复验也是按照 GB/T 17505 进行，需取双倍数量复验，但需注意钢筋的重量偏差项目不允许复验。另外根据 GB/T 1499.2—2018 中 8.4 条，质量偏差的测量，试样需从不同根钢筋上截取长度不小于 500mm，数量不少于 5 支。综合测量最大力下总延伸率的试样需要，钢筋拉伸试样长度应满足拉伸试验的需求（满足拉伸试验的需求也就满足了质量偏差检测的需求）。

2. 型钢、钢板、钢带检测时注意事项

热轧型钢通常包括热轧工字钢、热轧槽钢、热轧等边角钢和热轧不等边角钢。热轧钢板、钢带是用碳素结构钢和低合金结构钢热轧成型的。我们主要检测其力学性能和工艺性能，通常做的是拉伸试验和弯曲试验。其主要检测指标及方法标准选择见表 3.34。

表 3.34 型钢、钢板、钢带检测项目

序号	种类	产品标准	检测项目	方法标准	取样数量/取样方法	复验标准
1	型钢	GB/T 706—2016 GB/T 700—2006 GB/T 1591—2018	拉伸试验 弯曲试验	GB/T 228.1—2010 GB/T 232—2010	1 个/批 1 个/批 /GB/T 2975—2018	GB/T 2101—2008
2	钢板、钢带	GB/T 3274—2017 GB/T 700—2006 GB/T 1591—2018	拉伸试验 弯曲试验	GB/T 228.1—2010 GB/T 232—2010	1 个/批 1 个/批 /GB/T 2975—2018	GB/T 17505—2016

从表 3.34 可以看出，型钢、钢板和钢带的拉伸、弯曲试验方法基本一致，但复验标准不同，型钢依据的是 GB/T 2101—2008，钢板、钢带依据的是 GB/T 17505—2016。仔细比较两个标准，复验规则基本一致。试验单元是指根据产品标准或合同的要求，以在抽样产品上所进行的试验为依据，一次接收或拒收产品的件数或吨数。型钢的组批按 GB/T 700、GB/T 1591 及相应标准规定，每批质量应不大于 60t，我们的试验单元不是单件产品。

拉伸、弯曲试验属于非序贯试验，复验应按 GB/T 2101—2008 中 3.4.1 a）条或 GB/T 17505—2016 中 8.3.4.3.2 b）条执行。复检时，分为原抽样产品留在试验单元中或不留在试验单元中两种情况，当留在试验单元中，两个抽样产品分别再各取一个试样进行试验，其中一个试样应从原抽样产品上切取。复验的两个样品均为合格时，才能接收本试验单元。

在日常工作中，我们发现拉伸试样制备非常重要，特别是拉伸试样宽度方向两侧切割得不是很光滑时，影响检测的断后伸长率，有时检测结果能够相差一倍。因而当检测拉伸强度符合要求而断后伸长率偏低时，我们特别需要注意样品的加工质量，否则易造成误判。

3. 关于数值修约

热轧带肋钢筋按照 YB/T 081—2013，当力值在 200～1000MPa 时，修约间隔为 5MPa，最大力总延伸率修约至 0.1%，断后伸长率修约至 0.5%或 1%。型钢、钢板、钢带按照 GB/T 228.1 进行拉伸试验，数值修约按照 GB/T 228.1—2010 第 22 章进行，强度性能值修约至 1MPa，最大力总延伸率和断后伸长率修约至 0.5%，修约规则按 GB/T8170 进行。也就是说，热轧带肋钢筋最大力总延伸率结果可以出现 9.1%这样的记录，但断后伸长率则不能出现 16.2%这样的数据。

3.5.17.4　建议

（1）钢筋拉伸试验拉伸试样长度应以满足测定最大力总延伸率为准，钢筋反向弯曲试验应选用满足反向弯曲角度需求为准，同时考虑研制满足检测需要且无须频繁更换弯芯的试验设备。

（2）型钢、钢板、钢带的制样，应注意切口光滑，以免影响断后伸长率。

3.5.17.5　结论

（1）钢筋拉伸性能检验试样长度应以满足测定最大力总延伸率检测需求为准。

（2）型钢、钢板、钢带检验应注意样品的制备，特别注重断后伸长率不合格时处理措施。

（3）带肋钢筋与型钢等数值修约规则略有不同，不能混用。

（4）建议研制更为方便、快捷的反向弯曲检测设备。

养怡之福，可得永年。

——曹操

参考文献

[1] 鲍仲平. 标准体系[M]. 北京：中国标准出版社，1989.

[2] 江苏省人民政府. 江苏省标准监督管理办法(1997)[S/OL]. http://www.law-lib.com/law/law_view1.asp?id=29022

[3] 国家标准技术审查部. 标准研制与审查[M]. 北京：中国标准出版社，2013.

[4] 住房和城乡建设部标准定额司. 工程建设标准编制指南[M]. 北京：中国建筑工业出版社，2009.

[5] 杨瑾峰. 工程建设标准化现状及发展规划[J]. 工程建设标准化，2013(06)：6-11，15.

[6] 中国标准化研究院. 标准化工作指南　第1部分：标准化和相关活动的通用术语[S]. 中国标准出版社，2015.

[7] 秦凯凯. BIM技术在大型建筑安装工程中的应用[J]. 建筑施工，2014(2)：171-173.

[8] 杨永平. BIM技术在上海路发广场项目中的应用实践[J]. 建筑施工，2014(2)：174-176.

[9] 国家认证认可监督管理委员会. 实验室资质认定工作指南[M]. 北京：中国计量出版社，2010：8-9.

[10] 甘藏春，田世宏. 中华人民共和国标准化法释义[M]. 北京：中国法治出版社，2017.

[11] 住房和城乡建设部标准定额司. 工程建设标准编写指南[M]. 北京：中国建筑工业出版社，2013.

[12] 中华人民共和国国家质量监督检验检疫总局，中国国家标准化管理委员会. 混凝土砌块和砖试验方法：GB/T 4111—2013[S]. 北京：中国标准出版社，2014.

[13] 中华人民共和国国家质量监督检验检疫总局，中国国家标准化管理委员会. 砌墙砖试验方法：GB/T 2542—2012[S]. 北京：中国标准出版社，2013.

[14] 曹瑞. 镀锌产品镀层质量和厚度的测量方法[J]. 金属制品，2008，34(4)：43-45，50.

[15] 张金生，崔德奎，张雯. 带肋钢筋机械连接中的质量分析及其发展方向研究[J]. 工程质量，2014(12)：49-53.

[16] 茅庆潭. 测量不确定度评定培训讲义(北京中亚认证培训中心)[M]. 北京：中国标准出版社，2004：63-66.

[17] 倪育才. 实用测量不确定度评定[M]. 北京：中国计量出版社，2004：111-115.

[18] 李慎安. 质检测量中不确定度评定[J]. 中国计量，2005，(8)：67-68.

[19] 徐近海，王欣然. 测量不确定度在水泥抗压强度检验中的应用[J]. 建材标准化与质量管理，2003，(5)：25-26.

[20] 刘玉. 建筑用钢材标准汇编[M]. 北京：中国标准出版社，1997.

[21] 刁爱国，许庆华，辛惠南，等. 建筑工程质量检测实用手册[M]. 北京：中国建筑工业出版社，1999.

[22] 吴培明. 混凝土结构(上册)[M]. 武汉：武汉工业大学出版社，2003.

[23] 中华人民共和国国家质量监督检验检疫总局，中国国家标准化管理委员会. 先张法预应力混凝土管桩：GB 13476—2009[S]. 北京：中国标准出版社，2010.

［24］ 中华人民共和国住房和城乡建设部．预应力混凝土管桩：10G409［S］．北京：中国计划出版社，2010.

［25］ 连云港市建筑设计研究院有限责任公司．预应力混凝土管桩：苏 G03—2012［S］．南京：江苏科学技术出版社，2012.

［26］ 江苏省住房和城乡建设厅科技发展中心，连云港市建筑设计研究院有限责任公司．预应力混凝土管桩基础技术规程：DGJ32/TJ 109—2010［S］．南京：江苏科学技术出版社，2010.

［27］ 张忠苗，刘俊伟，谢志专，等．新型混凝土管桩抗弯性能试验研究［J］．岩土工程学报，2011，33(S2)：271-277.

［28］ 中华人民共和国国家质量监督检验检疫总局．拉力、压力和万能试验机检定规程：JJG 139—2014［S］．北京：中国质检出版社，2015.

［29］ 中华人民共和国国家质量监督检验检疫总局，中国国家标准化管理委员会．标准编写规则　第 10 部分：产品标准：GB/T 20001．10—2014［S］．北京：中国标准出版社，2015.

［30］ 胡海波．标准化管理［M］．上海：复旦大学出版社，2013.

致　谢

由于本人才疏学浅，从工作至今一晃三十二年过去了，把自己平时所思所想做一简单总结，不妥之处恳请读者批评指正！苔花如米小，也学牡丹开。愿我的这些文字能给新的检测行业从业人员有一点启发。能够起到一点抛砖引玉的作用我就很知足了，人们常常会说“赠人玫瑰、手有余香”！最后要特别感谢我的父母，把我从小培养成人，他们都没念过大学，但对工作兢兢业业、对生活勤俭节约，也要感谢从小学到大学一直教育我的老师。例如一年级笑容甜美的王蕴芳老师，初中严肃认真的祁学清老师、戴秀英老师，高中聪明睿智的宓丽芳老师，大学里卓有成就的孙复强老师，讲课就像说评书的王幼云老师。更要感谢身边的同事们，是他们给我许多帮助和启发。如已故的老领导庄玉业院长，已退休的王晓梅主任，在任的雍洪宝董事长、王美芹高工、年泳高工、刘丽丽、沈凌霄、刘洋、李治君、孙明、吴志球等新生代的检测后来人，还要特别感谢李保亮、李思和刘宇翼给予的许多帮助，感恩时代。感恩给我帮助的许多同行、朋友。如常州的范红兵，镇江的周冬林，南京的常成，无锡的沈菁，苏州的李治安，盐城的高峰、陈彩虹，昆山的孙建明、顾华、陈海新，祝你们身体健康，生活幸福！